音视频解说

常见鸡病诊断与防治技术

程龙飞　孙卫东　刘友生　主编

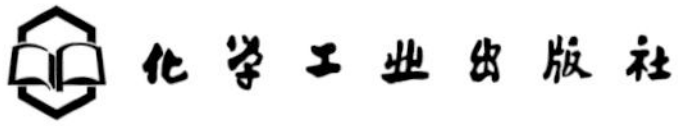

·北京·

内 容 简 介

本书详细介绍了鸡病的资料收集与检查方法、鸡病的预防、鸡常见病的诊断与防治技术等内容。全书含有大量彩色高清图片，直观易懂，文字通俗简练，并对关键和重要的细节采用音视频的方式动态展现（可用手机扫书中二维码进行观看），直观地描述了这些鸡病的临床表现、剖检特征、诊断要点、预防方法及治疗和用药技术。本书适合基层兽医技术人员、养殖场兽医、养殖企业技术人员、养鸡专业户和高校动物医学、动物科学及相关专业师生阅读和参考。

图书在版编目（CIP）数据

音视频解说常见鸡病诊断与防治技术 / 程龙飞，孙卫东，刘友生主编．—北京：化学工业出版社，2021.1
ISBN 978-7-122-38033-3

Ⅰ．①音…　Ⅱ．①程…②孙…③刘…　Ⅲ．①鸡病－诊断②鸡病－防治　Ⅳ．① S858.31

中国版本图书馆 CIP 数据核字（2020）第 243942 号

责任编辑：邵桂林　　　　装帧设计：史利平
责任校对：李　爽

出版发行：化学工业出版社
（北京市东城区青年湖南街13号　邮政编码100011）
印　　装：北京缤索印刷有限公司
850mm×1168mm　1/32　印张8½　字数126千字
2021年1月北京第1版第1次印刷

购书咨询：010-64518888　　　　售后服务：010-64518899
网　　址：http://www.cip.com.cn
凡购买本书，如有缺损质量问题，本社销售中心负责调换。

定　　价：68.00元　

编写人员名单

主编

程龙飞（福建省农业科学院畜牧兽医研究所）

孙卫东（南京农业大学）

刘友生（江西省吉安市禽病诊疗中心）

参编

江　斌（福建省农业科学院畜牧兽医研究所）

黄　瑜（福建省农业科学院畜牧兽医研究所）

林　琳（福建省农业科学院畜牧兽医研究所）

傅光华（福建省农业科学院畜牧兽医研究所）

钟　敏（江西省赣州市畜牧研究所）

施少华（福建省农业科学院畜牧兽医研究所）

陈红梅（福建省农业科学院畜牧兽医研究所）

万春和（福建省农业科学院畜牧兽医研究所）

傅秋玲（福建省农业科学院畜牧兽医研究所）

刘荣昌（福建省农业科学院畜牧兽医研究所）

前言

鸡生长迅速、繁殖力强。养鸡业资金投入相对低，且能在短时间内生产出营养丰富的鸡肉和鸡蛋等产品，是增加农民收入、促进农村发展的理想项目。改革开放以来，我国的养鸡业迅速发展，已成为我国农业产业化发展最迅速的行业，创造了巨大的经济财富。然而随着饲养量的增加、饲养规模的扩大、饲养模式的多样化，以及引种、进出口贸易、禽苗交易、活禽交易等的日益频繁，鸡病也在不断地发展变化。新病，如禽坦布苏病毒病、鸡安卡拉病毒病等在近些年陆续出现，老病也在不断发展，越来越非典型化的临床病变、超强毒株的出现、新致病型的不断涌现等，均给鸡病的诊断和防治带来新的挑战，影响产业的健康发展。为应对这些变化，我们编写《音视频解说常见鸡病诊断与防治技术》一书，简单介绍了常见的鸡病诊断方法和内容、常用的鸡病预防措施及常见鸡病的诊断与防治技术，以文字、图片、小视频等多种多样的形式，为养殖户、中小型养殖企业、基层兽医工作人员、兽医专业师生及愿意了解鸡病的人提供帮助和参考。

本书在编写过程中，坚持通俗易懂、力争实用的原则，尽量为读者提供有价值的信息，但由于水平所限，难免出现疏漏和不足之处。在此，除向为本书提供素材、资料、支持本书编写的同仁们深表感谢外，还望各位前辈、各位同行和广大读者们对不妥之处给予指出，便于今后修订或补充。

编者

2020年12月

目录

第1章 鸡病的诊断

鸡病相关视频目录

续表

编号	视频说明	页码
视频3-13	大肠杆菌病	136
视频3-14	沙门氏菌病	146
视频3-15	葡萄球菌病	150
视频3-16	传染性鼻炎	155
视频3-17	球虫病	162
视频3-18	绦虫病	172
视频3-19	住白细胞虫病	182
视频3-20	脂肪肝	191
视频3-21	维生素 B_1 缺乏症	212
视频3-22	维生素 B_2 缺乏症	217
视频3-23	锰缺乏症	229

第1章 鸡病的诊断

对鸡病进行正确的诊断，才能制定合理有效的治疗措施，也才能为以后的预防提供科学依据。鸡病的诊断类似于“破案”，其过程其实也是一个寻找致病因素（罪犯）致病（作案）的遗留痕迹的过程，需要详细的临床资料、丰富的专业知识、严密的思考、合理的逻辑等，有时还需要治疗来验证诊断的正确与否，因此需要养殖户的密切配合。具体说，鸡病的诊断包括现场资料的收集、临诊检查和实验室检查等。

1.1 现场资料的收集

现场资料包括养殖场与疾病相关的所有内容，这些资料是鸡病正确诊断的基础。养殖户必须如实相告，出于任何目的的隐瞒，只会给鸡病的诊断带来不利的影响。

1.1.1 品种

不同品种鸡的生长速度、遗传特点、对营养的要求、对外界刺激的反应、对不利环境的抵抗力等等均有不同，对不同疾病的易感性也存在诸多不同。例如，白痢沙门氏菌的感染率，来航鸡等轻型鸡比重型鸡高；生长较快的艾维茵鸡易发生猝死综合征、肉鸡腹水综合征、腿部疾病等；白洛克鸡比本地品种更易感染马立克氏病病毒；褐壳蛋鸡比白壳蛋鸡对减蛋综合征病毒更易感；对于蛔虫病，肉鸡比蛋鸡抵抗力强，土种鸡比良种鸡抵抗力强。

1.1.2 性别

相同品种的鸡，性别不同，对不同疾病的易感性也可能存在差异。骨质石化病，公鸡比母鸡多发；白痢沙门氏菌的感染率，母鸡比公鸡高；相同品种的鸡，公鸡比母鸡的采食量大；如果是饲料中毒素引起的中毒病，公鸡比母鸡严重。

1.1.3　日龄

鸡出壳时，卵黄囊约占体重的13%左右，出壳后7天左右，卵黄基本吸收完全。卵黄中含有丰富的营养，吸收得好，可以非特异性地增强雏鸡的抵抗力。卵黄中也可能含有较高水平的某些母源抗体，吸收得好，可以抵抗特异性的疾病。卵黄中也有可能带有垂直传播的病原，如沙门氏菌、脑脊髓炎病毒等，雏鸡会发生早期感染。这些是鸡的生理特点，了解后有助于鸡病的诊断。小日龄鸡，个体小，体液的缓冲能力较差，对大部分外界不利环境的抵抗力比大日龄鸡差。同样的疾病，多数情况下，小日龄鸡发病更严重。不同的疾病，往往发生于一定日龄段的鸡。例如，球虫病多发生于15～60日龄的鸡；马立克氏病，感染多在出壳后的前几天，但发病常见于90～150日龄鸡；禽霍乱、传染性喉气管炎多见于成年鸡。

1.1.4　鸡的来源

自繁自养的鸡，背景相对清晰。从外地购入的，如果是1日龄购入，应当了解种蛋的来源、孵化场的卫生状况、孵化场的信誉等；如果是购入较大日龄鸡，应当了解购入地是否发生某种疫情、购入鸡之前的疫苗免疫接种情况等信息。

1.1.5 发病经过

发病经过包括疾病的主要表现、传播速度的快慢、发病率、死亡率、病程长短、对生产性能的影响等。疾病的主要表现，有的以呼吸道症状为主，如传染性喉气管炎病鸡，呼吸困难，气喘、咳嗽，晚上安静的环境下能听到明显的啰音。有的以消化道症状为主，如寄生于盲肠的球虫会引起血便。不同的疾病，其传播的速度不一样。短时间内迅速传播往往是急性传染病或中毒病的特点，而营养缺乏类的疾病，往往是一个渐进发展的过程。

1.1.6 饲料和饮水

俗话说病从口入，饲料的清洁、营养的全面、饮水的洁净都是非常重要的。出于不同目的，人工选育出来的鸡品种，有的生长发育速度较快，有的产蛋率高。不同品种在不同时期对饲料的要求是不一样的，只有提供适宜的饲料，才能让鸡发挥最佳的生产性能，反

之不仅影响生产性能，还有可能发生营养代谢类的疾病，甚至使鸡对其它疾病的易感性增高。饲料的贮存也很重要，不恰当的贮存方式会造成不良的后果，如饲料品质下降，严重的引起饲料霉变，进而引起鸡的霉菌病或霉菌毒素中毒等。饮水不仅要关注其水质卫生，如是否含有致病菌等；还应关注其质量，如是否含有对鸡不利的过多微量元素等；装水的容器也应关注，如是否洗刷干净，与地面的接触面是否因长期未清理而导致霉菌生长等。

1.1.7　饲养管理

应当了解鸡舍的选址、构造、卫生状况，饲养的密度，饲养的模式，消毒设施及落实情况，发病鸡的隔离方式，病死鸡的处理方式等。鸡舍的建筑结构、地理位置、采光、通风设施等条件与某些疾病有一定的联系。通风不良、潮湿的鸡舍易引起大肠杆菌病或支原体病，夏秋炎热季节通风不良的鸡舍易发生中暑，错误的烧煤取暖方式可能引起一氧化碳中毒。饲养密度过大，不仅使鸡产生的应激反应大，还容易引起球虫病、曲霉菌病等。全进全出的饲养模式加上适当的空栏时间，对鸡病的预防能起到事半功倍的效果。相

反，各种不同日龄段的鸡混合饲养，不利于鸡病的预防。地面散养的模式，蛔虫病、组织滴虫病等相对多发；地面平养的鸡群，密度相对大，球虫病、曲霉菌病等多发；笼养、网上平养等方式，由于运动限制，营养代谢病的发生概率相对大些。了解鸡场消毒设施的配备、消毒措施的落实情况、病鸡的隔离、病死鸡的处理等情况，有助于分析疫情。

1.1.8 疫苗接种情况

应当了解鸡场的疫苗免疫接种程序，实际疫苗接种的种类（活疫苗或灭活疫苗）、剂型（油佐剂疫苗、冻干苗或湿苗等）、方法（皮下注射、肌内注射、刺种、滴鼻、点眼或饮水）等，必要时应当监测疫苗的免疫效果，这些对传染病疫情的诊断大有帮助。

1.1.9 药物应用情况

应当了解鸡场平时是否添加了预防性的用药，其品名和剂量，发病后用何种药物、何种给药方式进行了治疗，治疗后的效果等，这些可以为疾病的诊断提供有价值的参考。

1.1.10　既往病史

鸡病治疗后，都会或多或少遗留一些症状或病变，持续的时间或长或短。某些疾病治愈后，在一段时间内容易复发；某些疾病，常伴发或继发于其它疾病。对既往病史的了解与分析，也是收集现场资料时不可忽略的一个环节。

1.2　临诊检查

临诊检查是确保诊断正确的重要步骤，包括群体检查、个体检查和病理剖检三个方面。

1.2.1　群体检查

群体检查的内容包括鸡群的采食量变化、饮水量变化，鸡群的精神状况、运动状态、呼吸行为、粪便检查等。正常鸡群站立有神、羽毛有光泽且紧贴身躯、行动敏捷、对外界的刺激比较敏感。精神萎靡、缩颈垂翅、闭目呆立、离群独处、食欲不振的鸡，常见于某些急性热性传染病如禽霍乱等；精神差、羽毛粗糙无光泽、行走缓慢、采食量少的鸡，常见于慢性传染病、寄生虫病和某些营养代谢病。特征性的运动异常往往能提示某些疾病，如脚趾向内蜷曲，行走困难，提示维生素B_2缺乏；前后脚劈叉提示马立克氏病；头颈扭曲观天提示新城疫等。呼吸行为的异常有气喘、张口呼吸、咳嗽、呼吸困难、甩头（喉头有黏液引起）、呼吸时有啰音等，往往提示支原体感染或病毒性感染，如传染性支气管炎、传染性喉气管炎等。腹泻是最常见的粪便异常情况，往往提示细菌感染、病毒感染、寄生虫病等；粪便中混有红色血液，提示消化道后段的出血，混有黑色血液，提示消化道前段的出血；粪便稀薄呈石灰水样，多见于痛风等。

1.2.2 个体检查

个体检查是将疑似发病的鸡挑出来，单独检查的方法。除了与群体检查的相同内容外，还应着重检查以下内容：叫声、体重及腹围情况，羽毛内有无寄生虫，眼部检查（结膜的色泽、角膜、眼睛的分泌物等），口腔与鼻腔的检查（口鼻外是否有异常分泌物、是否有异常增生或肿胀或溃疡、喙的色泽、口腔内黏膜的色

泽、口腔内及喉头是否有异常分泌物或异常增生），脚的检查（色泽，关节是否肿胀、是否变形），肛门和泄殖腔的检查（肛门是否突出、脱垂，有无外伤，是否有粪便堵塞）等。

1.2.3　病理剖检

病理剖检是兽医临床上非常实用的一种诊断方法。通过剖检，发现各组织器官的一系列病理改变，结合现场资料的分析，可以做出疾病的初步诊断。

1.2.3.1　病理剖检的注意事项

剖检地点最好在实验室内进行，现场剖检时应远离鸡场、远离水源地、用多层塑料布垫底避免污染，剖检后应将尸体做无害化处理，防止污染环境，防止病原微生物扩散。病死的鸡或人为扑杀的鸡都可以进行剖检，但应注意死亡时间不能太长，否则会影响其真实病变，增加临诊的难度。鸡舍内温度一般都较高，发现死亡鸡应立即取出，置阴凉处，尽快送检。

1.2.3.2　病理剖检的方法

按由外及内的顺序，依次进行尸体外部、皮下、内

脏、深层（如神经等）的检查。尸体外部的检查，主要内容有：观察整体，判断营养状况；检查嗉囊，注意是否充满食物或饮水；检查体表，注意是否有外伤、肿胀、肿瘤、溃疡、增生、坏死、出血、瘀血和异常分泌物等。用消毒水将羽毛充分浸湿，避免羽毛飞扬，将尸体仰卧，切开腹壁和两侧大腿间的疏松皮肤，将两腿向外掰开，使髋关节脱位，这样尸体便可平稳固定。横向切开两侧大腿之间的皮肤，将皮肤向前、向后翻转剥离，充分暴露腹肌、胸肌，检查皮下组织、肌肉有无水肿、出血及肌肉变性、坏死等变化。在泄殖腔前方，横向切开肌肉，从腹壁两侧向前方剪断各肌肉和骨骼，握住胸骨用力向前翻拉，去掉胸骨，露出胸腔和腹腔，观察内脏各实质器官（视频1-1、视频1-2），注意看位置是否正常；有无畸形或变形；颜色变化；有无肿胀、充血出血及渗出等变化；有无胸腔

视频1-1

［扫码观看：剖检（一）］

视频1-2

［扫码观看：剖检（二）］

积液、腹水，如果有，注意其大致体积、颜色和气味。检查气囊，注意其是否透明，有无渗出物沉淀，有无结节等。将各脏器分离出来，逐一检查。检查心包是否与胸骨粘连，心包膜是否增厚；心包内是否有积液，如果有，注意其体积、颜色和黏稠度等；剥开心包膜，检查心脏表面有无出血、肿块、坏死、肿瘤等。检查肝脏和脾脏的大小、色泽、质地有无变化，表面有无出血点、溃疡、坏死点、结节、肿瘤及白色肉芽肿等。剪断食道末端，将腺胃、肌胃、小肠、胰腺和大肠一同取出，并依次剪开，观察腺胃乳头有无出血、肿胀、溃疡、包块、渗出等；撕去肌胃角质层，观察肌胃有无出血、肿胀、溃疡等；观察十二指肠黏膜有无出血，小肠淋巴滤泡有无肿胀出血，肠内容物的数量、颜色、性状、是否有异物；观察盲肠内容物的颜色及性状，观察盲肠扁桃体有无出血、肿胀、溃疡等；观察直肠黏膜有无出血；观察胰腺的色泽、硬度，有无出血、溃疡、坏死等。检查法氏囊的颜色及大小，必要时剪开观察其黏膜面，检查有无出血、肿胀等变化。检查卵巢或睾丸，观察有无变性、出血、坏死、萎缩、肿瘤等变化。肺脏和肾脏的检查大多在原位进行，必要时将其剥离检查，观察色泽、大小以及有无出血、坏死、结节、渗出等变化。从两鼻孔上方横向剪断上喙部，断面可露出鼻腔和鼻甲骨，轻压鼻部检查有无内容物及其性状。打开口腔，沿食道剪开，暴露气管，检查食道有无假膜覆盖、溃疡等变化。剪开气管，观察有无异物、渗出物、出血块及黏膜面的变化。取出脑，观察有无出血、充血或坏死。剥离肾脏，检查两侧坐骨神经的粗细是否均匀，横纹是否清晰，有无肿瘤、水肿或出血等变化。

1.3 实验室检查

借助实验室特有的仪器、设备、方法等，可以进行特定病原微生物的检测、免疫学指标的测定、饲料成分分析、特定的毒物检验等。这些数据可以为鸡病的确诊提供证据或为鸡病的诊断提供重要的参考，但是切记，千万不能仅仅凭实验室检查的结果轻易下结论。这一小节我们将简单介绍一下实验室检查的方法，这些方法对样品的要求，以及样品的采集方法等。

1.3.1 寄生虫学检查

寄生虫包括体表寄生虫和体内寄生虫。实验室检查

的内容主要是借助各种方法或设备，看见特征性的虫体、虫卵或卵囊等。

1.3.1.1　体表寄生虫的检查

蜱、虱等个体较大，肉眼就能发现，只要能在体表找到大量的寄生虫即可确诊。螨的个体比较小，肉眼较难发现，应刮取皮屑，置显微镜下寻找虫体或虫卵。取皮屑时，应剪去患部羽毛，使刀刃与皮肤表面垂直，轻轻刮取皮屑，将刮下的皮屑集中于培养皿或试管内即可。

1.3.1.2　体内寄生虫的检查

（1）粪便直接检查

蛔虫、绦虫或绦虫的节片等可随粪便排出体外，采集粪便或肠道内容物，加少量水，摊开在白色的搪瓷盘中，肉眼即可观察到较大的虫体。将粪便加水轻轻搅匀，略沉淀后倒去上层水，如此洗3～4次，将沉淀摊开在白色的搪瓷盘中，肉眼观察或借助放大镜，仔细寻找较小的虫体。

（2）虫卵检查

沉淀法：采集粪便或肠道内容物，加10倍量的水，搅匀，用双层纱布过滤，滤液静置20分钟后，小心倒

去大部分上清，吸少量沉淀，借助显微镜观察虫卵。

饱和盐水漂浮法：采集粪便或肠道内容物，加10倍量的饱和盐水，搅匀，用双层纱布过滤，滤液静置30分钟后，吸少量液面的液体，借助显微镜观察虫卵。

（3）血液寄生虫的检查

采静脉血1滴，一般在翅静脉采血，滴于载玻片上，制成血片，固定、染色，然后在显微镜下观察。

1.3.2　细菌学检验

常见的致病菌有沙门氏菌、大肠杆菌、多杀性巴氏杆菌、葡萄球菌等。实验室细菌学检验包括免疫学检验和细菌的分离鉴定。免疫学检验要求采集全血或血清。全血的采集，用量少且现场用的，如鸡白痢的平板凝集试验，刺破鸡的翅静脉采集即可；需要抗凝的，用一次性注射器从翅静脉采集后注入含有抗凝剂的采血管中，冷藏（不可冷冻）保存后送检。血清的采集，可用真空采血管或一次性注射器，从翅静脉采集1～2毫升血液，立即将采血管或注射器平放（视频1-3）或斜置，常温放置10小时左右，血液凝固后会析出淡黄色的液体即为血清，倒出即可（视频1-4），有条件的

视频1-3

［扫码观看：采血制备血清（一）］

视频1-4

［扫码观看：采血制备血清（二）］

离心后吸取上层液体，冷藏或冷冻保存后送样。

细菌的分离鉴定，首先应根据怀疑的病原菌所属种类，选择含菌量多的组织脏器、合适的培养基和培养方法，分离出单一的细菌，再依据菌落形态、染色特性、生化试验、特异性片段的PCR扩增等鉴定细菌的种类，必要时依据血清学特征鉴定其血清型、动物回归试验确定细菌的致病性等，接下来利用纸片法或微量稀释法测定细菌对药物的敏感性，为疾病的诊断、药物的选择提供理论依据。细菌学检验对病料的采集要求较高，不能有外界的细菌污染，送样时，尽量将死亡不久的鸡、濒死鸡或病鸡整只送检。

1.3.3　支原体的检验

鸡的支原体病主要指的是败血支原体或滑液支原体

引起的疾病，实验室检验的方法有血清学检查和病原的分离鉴定。血清的采集方法参见细菌学检验。支原体培养对营养的要求较苛刻，培养时间长，对采集时间、采集部位等的要求也较高，送样时，尽量将死亡不久的鸡或濒死鸡整只送检。

1.3.4 病毒学检验

实验室病毒学检验，包括血清学检验、病毒的分离鉴定和病毒核酸的检测等。血清学检验常用的方法有红细胞凝集试验、血凝抑制试验、中和试验、琼脂扩散试验、平板凝集试验、荧光抗体诊断技术和酶联免疫吸附试验等。血清的采集方法参见细菌学检验。病毒分离的方法主要有鸡胚接种分离法和组织细胞接种分离法。病毒核酸的检测大多采用的是PCR或RT-PCR法。由于鸡的活疫苗应用较多，从鸡体内可能分离到疫苗毒株或检测到疫苗株的核酸，干扰疾病的诊断，所以病毒分离鉴定的结果和病毒核酸检测的结果，应与现场资料、临诊检查等结合，综合判断。用于病毒分离鉴定或核酸检测的病料，对采集时间、采集部位等的要求也较高，送样时，尽量将死亡不久的鸡或濒死鸡整只送检。

1.3.5 饲料成分分析

如果怀疑是由于饲料引起的营养代谢类疾病，则有必要对饲料的成分进行分析。将饲料送样到特定的实验室，检测其能量、蛋白质、氨基酸、维生素及矿物质等的含量，再与相应品种、日龄鸡的营养要求做比较，为调整饲料提供依据。

1.3.6 特定的毒物检验

某些中毒性疾病如黄曲霉菌毒素中毒等，可以将饲料、饮水、胃肠内容物、血液等送至专门的实验室进行检测，为中毒病的诊断提供证据。

第2章
鸡病的预防

鸡病防治的原则是“预防为主、养防结合、防重于治”。采取各种有效的综合性预防措施，是防止鸡病发生的第一步。综合性预防措施具体内容包括：建立健全鸡场的生物安全措施、引进健康无带菌的鸡苗、规范的饲养管理措施、科学的疫苗免疫程序及免疫抗体监测、必要的药物预防保健计划等。做好综合性预防措施，能收到事半功倍的效果。

2.1 鸡场的生物安全措施

2.1.1 鸡场的选址

规范的鸡场应建设在可养区内，地势高燥，视野开

阔，通风良好，水源充足，交通相对方便，供电有保障，与交通干道、其他畜禽养殖场、居民区、屠宰场、交易市场的距离要求在1000米以上。鸡场最好位于偏僻的地方，这样可以与外界形成天然的隔离屏障，是防御鸡传染病的第一道防线。

2.1.2　鸡舍的建设

鸡场周围应有围墙或其他相应的隔离带。应根据不同的饲养模式及饲养鸡的品种进行鸡舍的设计、建筑及布局。例如，规模化蛋鸡场要求场内生活区、办公区与生产区分开建设，生产区中配套有育雏舍、育成舍、蛋鸡舍、饲料间、蛋品车间、粪污处理车间等，养鸡舍多采用全封闭层叠式笼养设备，并配备有鸡舍内环境调控设备，保障鸡舍内环境相对稳定。粪污处理车间要配备粪污处理设备（如发酵罐），做到净道与污道分离。小规模蛋鸡场也要求场内设有育雏室、育成室、蛋鸡舍、饲料间、蛋品车间、粪污处理车间等，养鸡舍多采用层叠式笼养设备，并配备一些鸡舍内环境调控设备（如排气扇），保障鸡舍内环境相对稳定。粪污处理车间要配备必要的粪污处理设备（如烘干机），做到净道与污道分离。小规模平养肉鸡场要求场内设有育雏室、育成室、饲料间以及独立设置的病鸡隔离室、病死鸡处理池和鸡粪发酵池或贮存池等。

2.1.3 卫生消毒工作

2.1.3.1 消毒剂的种类

消毒药品品种繁多，作用机理和应用范围也多有不同。大致可分为如下几类：酚类（如复合酚），醇类（如酒精），碱类（如氢氧化钠、氧化钙），卤素类（如含氯石灰、碘酊、聚维酮碘），氧化剂类（如过氧乙酸、高锰酸钾），季铵盐类（如癸甲溴铵），挥发性烷化剂类（如甲醛、戊二醛），表面活性剂类（如苯扎溴铵）。不同的场所、不同的饲养条件要因地制宜地选择好相应的消毒剂。

2.1.3.2 消毒类型

（1）紫外线照射消毒

在进入生产区的门口更衣间内应安装紫外线灯，进出人员在更衣的同时进行5分钟的紫外线照射消毒。

（2）饮水消毒

若鸡场的饮用水采用河水、山泉水或井水，则要进

行饮水消毒，每1000升水添加2～4克的含氯石灰（漂白粉）。对于发生疫病时的饮水消毒除了使用漂白粉之外，还应增加其他类型的消毒药（如季铵盐类）。

（3）熏蒸消毒

对于育雏室、种蛋室以及密闭的房屋和仓库均可使用熏蒸消毒。具体做法是每立方米容积的房舍需要40%甲醛（福尔马林）25毫升、水12.5毫升、高锰酸钾25克，并按上述顺序逐一添加（注意：不能先加高锰酸钾后加福尔马林，否则会发生爆炸等意外事故）。添加高锰酸钾粉后，人员要迅速离开消毒房间，并关闭窗门10个小时以上才有效果。此外，也可以直接采用甲醛或过氧乙酸消毒水进行加热熏蒸消毒。

（4）污染场所的消毒

污染场所首先采用清水把场所冲洗干净后再用各种消毒药进行消毒。若使用氢氧化钠等腐蚀性较强的消毒药，消毒后还要用清水再冲洗1～2遍，以免对人和鸡的皮肤造成腐蚀性伤害。

（5）喷雾消毒

用季铵盐类、戊二醛或络合碘的消毒水按说明浓度定期地对鸡群或进入鸡场的工作人员进行喷雾消毒。鸡场的喷雾消毒时间应避开寒冷天气，而选在良好天气时。

（6）门口消毒池及周围场所消毒

可选用复合酚或氧化钙等进行消毒，每周1～2次。

（7）职工洗手及蛋筐消毒

用季铵盐类、苯扎溴铵等消毒水按规定比例配制后进行消毒。一方面对皮肤刺激性小，另一方面无明显的臭味。

（8）种蛋的消毒

种蛋的消毒除了可用甲醛进行熏蒸消毒外，还可选用复合酚或癸甲溴铵按比例稀释后进行喷雾消毒，也可选用表面活性剂类消毒药按比例稀释后进行浸泡消毒，待消毒水拭干后再入孵。

2.1.3.3 鸡场的卫生消毒制度

鸡场及各栋鸡舍门口要设独立的消毒池，池内消毒水要定期添加或更换。饲养员和兽医管理人员进出鸡舍时要更换工作衣、鞋、帽，并进行相应的洗涤和消毒。不同栋的饲养人员不要相互走动，严格控制外来人员进出鸡场。车辆进场需经门口消毒池消毒处理，车身和底盘等要进行高压喷雾消毒。

鸡舍在全进全出前后都要进行冲洗和消毒工作，在平时饲养过程中还要定期地进行鸡舍消毒，在天气暖和时可以进行带鸡消毒。饮用水若采用井水、山泉水

或河水，还要在水中添加含氯石灰进行消毒处理。育雏舍、孵化舍、仓库等要进行熏蒸消毒。周转蛋架或蛋筐以及鸡苗筐等都要经特定的消毒后才能使用。

鸡场中若发现病死鸡时要及时通知兽医人员。经兽医人员检查、登记后病死鸡要进行无害化处理（如高压灭菌或在远离鸡场的某个特定地方进行深埋、消毒处理），不能随便乱丢。怀疑是烈性传染病的要立即停止解剖，做好场地消毒工作，并立即上报有关部门进行处理。

2.1.4　隔离措施

2.1.4.1　人员隔离措施

为防止病原微生物交叉感染，应禁止外人进入鸡场（包括参观或购鸡、购蛋的人员）。本场的工作人员不允许随意进出鸡场，进生产区工作时，要穿戴工作服、雨鞋，并接受相应的消毒处理，不同栋的工作人员不能相互走动。

2.1.4.2　物品、车辆进出管理

进入鸡舍的车辆及装鸡的袋子、笼子、蛋筐以及周

转箱都要严格消毒后才能放行。

2.1.4.3 禁止混养其它动物

在鸡场内绝对禁止饲养鸭、鹅、狗、猫等动物，也不能到外购买任何禽类产品（包括活禽）。

2.1.4.4 做好灭鼠杀虫工作

在鸡场内定期开展灭鼠工作，定期采用氰戊菊酯或溴氰菊酯等杀灭蚊虫，防治鼠类和昆虫传播传染病。

2.1.4.5 隔离淘汰病鸡

饲养员和兽医人员要经常观察鸡群，及时发现病鸡和死鸡，通过兽医人员诊断后采取相应的治疗或其它相应措施。

2.1.4.6 不同批次鸡要分开饲养

为防止交叉感染，不同批次鸡要分开饲养，每栋间隔15～20米，严格禁止不同栋鸡之间的相互走动，相应的用具也要分开使用。

2.1.5 粪便及垫料处理

小规模养鸡场的粪便可以直接或经堆积发酵后用作

农作物肥料，中大型养鸡场的粪便要经过烘干或塔式发酵罐发酵处理后用作有机肥，同时要配备专门的污道或传送带进行传送，与净道保持一定的距离，防止二次污染。在采用平养时需使用大量的垫料（如谷壳、木屑、稻草等），在一个生产周期结束后，要及时清除这些垫料，可采用堆存或直接返田或焚烧等处理措施。

2.1.6　病死鸡无害化处理

每个鸡场或多或少都存在病死鸡，若处理不当不仅会污染环境（产生腐败和臭气），同时还会造成疾病的传播和蔓延。常见的处理方法有土埋法、高温处理法、化尸池或专门设备处理等，每个鸡场要因地制宜选择相应的方法进行处理。

2.2　健康鸡苗的引进

2.2.1　供应商认定

要依据不同鸡场所饲养的鸡品种，选择相应的鸡苗供应商，要求品种纯正、生产性能好、抗病力强，且

无携带鸡白痢、大肠杆菌、支原体、白血病等垂直传播的病原，具备《种畜禽生产经营许可证》和《动物防疫合格证》。

2.2.2 鸡苗选择

鸡苗外表好，精神活泼，听觉灵敏，白天视力敏锐，稍有惊扰便四处奔跑，站立有神，叫声响亮，羽毛光亮，没有大肚脐，食欲和饮欲良好，粪便成形，胎粪往往为白色，没有出现拉痢现象。必要时还要求鸡苗采用过激光断喙，接种过鸡马立克氏病疫苗等相关疫苗。

2.2.3 鸡苗检测与记录

抽取一定比例的鸡苗血液或粪便（10 ～ 30份）进行相关病原检测，包括鸡白血病、鸡白痢、鸡毒支原体、鸡滑液支原体及大肠杆菌等病原，对存在上述垂直感染病原的鸡苗，要及时淘汰处理。同时要记录鸡苗厂家、品种、数量，鸡苗状况、疫苗免疫情况等信息，以便追溯。

2.3　规范的饲养管理措施

不同品种、不同饲养规模的鸡场的饲养管理措施有所不同，不同阶段鸡尽可能参照相应品种的饲养管理标准来操作。蛋鸡场要做好各个阶段内环境的相对稳定，雏鸡6周龄内做好保温措施（表2-1），此外还要做好通风、光照工作以及保证合理的饲养密度（表2-2），要根据蛋鸡不同阶段生长和生产性能提供相应的优质饲料。肉鸡场雏鸡阶段也要做好雏鸡的保温、通风工作，并安排合理的饲养密度（具体参见表2-2）；育成阶段要确保养殖环境的相对稳定，避免温差大或淋雨导致鸡群发生感冒或出现其它疾病。

表2-1　育雏期雏鸡保温温度

年龄	笼养/℃	平养/℃
3日龄	32～35	34
7日龄	31～32	32
2周龄	30～31	30
3周龄	27～29	27
4周龄	24～27	24
5周龄	21～24	21
6周龄	18～20	20

表2-2　育雏期雏鸡饲养密度

年龄	垫料饲养/（只/平方米）	网上饲养/（只/平方米）	笼养/（只/平方米）
1～3周龄	20～30	30～40	50～60
4～6周龄	10～15	20～25	20～30

2.4　合理的免疫程序

2.4.1　疫苗的免疫程序

有计划、有目的的对鸡群进行疫苗的免疫接种是鸡场预防传染性疫病的另一道防线，也是最后一道防线。疫苗的免疫程序不是固定不变的，应根据地区、品种、生产性能、生产周期、季节、疫病的流行情况、疫苗的免疫特性等建立合适的免疫程序，并在应用过程中不断更新、不断完善。

2.4.1.1　肉鸡的疫苗免疫程序

肉鸡建议的疫苗免疫程序见表2-3。

表2-3 肉鸡的疫苗免疫程序

日龄	疫苗名称	剂量	用法	备注
1	鸡马立克氏病活疫苗	1羽份	皮下注射	
7	鸡新城疫、传染性支气管炎二联活疫苗（L-H120）	2羽份	气雾、滴鼻或饮水	
11	鸡传染性法氏囊病活疫苗	3羽份	滴嘴或饮水	
14	鸡痘活疫苗	1～2羽份	无毛处皮肤刺种	选择使用
	禽流感病毒（H5+H7）二价灭活疫苗	0.4～0.5毫升	肌内注射	
18	鸡新城疫、传染性支气管炎、H9亚型禽流感三联灭活疫苗	0.3～0.5毫升	肌内注射	
20	鸡传染性法氏囊病活疫苗	3羽份	饮水	
30	禽流感病毒（H5+H7）二价灭活疫苗	0.5～0.7毫升	肌内注射	
60	鸡新城疫活疫苗或灭活疫苗	3羽份或0.5毫升	饮水或肌内注射	饲养期超过120天的肉鸡使用

2.4.1.2 蛋鸡的疫苗免疫程序

蛋鸡建议的疫苗免疫程序见表2-4。

表2-4　蛋鸡的疫苗免疫程序

日龄	疫苗名称	剂量	用法	备注
1	鸡马立克氏病活疫苗	1羽份	皮下注射	选用液氮苗
7	鸡新城疫、传染性支气管炎二联活疫苗（L-H120）	2羽份	气雾、滴鼻或饮水	
11	鸡传染性法氏囊病活疫苗	3羽份	滴嘴或饮水	
14	鸡痘活疫苗	1～2羽份	无毛处皮肤刺种	
	禽流感病毒（H5+H7）二价灭活疫苗	0.4～0.5毫升	肌内注射	
18	鸡新城疫、传染性支气管炎、H9亚型禽流感三联灭活疫苗	0.3～0.5毫升	肌内注射	
20	鸡传染性法氏囊病活疫苗	3羽份	滴嘴或饮水	
30	禽流感病毒（H5+H7）二价灭活疫苗	0.5～0.7毫升	肌内注射	
35	鸡传染性喉气管炎活疫苗	1羽份	点眼、涂肛、饮水	选择使用
55	鸡新城疫、传染性支气管炎二联活疫苗（L-H52）	3羽份	饮水	

续表

日龄	疫苗名称	剂量	用法	备注
100	鸡传染性鼻炎灭活疫苗	0.5 ～ 0.7毫升	肌内注射	
110	鸡新城疫、传染性支气管炎、减蛋综合征三联灭活疫苗	0.6 ～ 0.8毫升	肌内注射	
115	禽流感病毒（H5+H7）二价灭活疫苗	0.8 ～ 1.0毫升	肌内注射	
120	H9亚型禽流感灭活疫苗	0.7毫升	肌内注射	
250	禽流感病毒（H5+H7）二价灭活疫苗	0.8 ～ 1.0毫升	肌内注射	

2.4.2　免疫抗体监测

疫苗免疫后，是否产生了预期的效果，需要在一定时间节点采集血清或抽取鸡蛋进行相关抗体的检测，为疫苗的质量和免疫效果的评价提供数据，也为今后免疫程序的修订提供证据。在生产实践中比较常见的有鸡新城疫抗体监测（抗体水平需达1 ： 64以上）；H5亚型、H7亚型、H9亚型禽流感抗体监测（抗体水平需达1 ： 256以上）；减蛋综合征抗体监测（抗体水平需达1 ：16以上）等。若抗体没有达到保护要求，要及时查找原因（疫苗的质量、疫苗的保存、疫苗的接种过程、鸡群的健康、是否有免疫抑制性疾病等）并加强相关疫苗的免疫接种，以免发生相关疫情。

2.4.3　疫苗免疫的注意事项

2.4.3.1　疫苗的选购与检查

要选购有国家正式批准文号的疫苗，并查看生产日期、有效期、疫苗说明书，检查疫苗的性状、是否密闭以及是否有破损等。不能购入过期或变质的疫苗(如油苗出现分层)。

2.4.3.2　疫苗的运输与保存

疫苗要放在保温瓶或泡沫箱内冷藏保存运输，某些疫苗（如马立克氏病疫苗）需存放在液氮罐中运输，避免高温、阳光直射以及剧烈震荡。多数的冻干苗需在−20℃冰箱保存，少数冻干苗（某些进口冻干活疫苗）可以在2 ～ 8℃冰箱保存。油苗、水剂灭活疫苗及某些卵黄抗体一般都在2 ～ 8℃冰箱保存，并防止冰冻，否则会导致疫苗分层、结块而失效。

2.4.3.3　疫苗使用方法

要按照不同鸡场的免疫程序安排使用相应的疫苗，在使用之前要认真阅读疫苗使用说明书，采用相应的免疫方法和免疫途径。某些疫苗只能采用注射（如禽流感疫苗采用皮下注射或肌内注射），有些只能采用刺种（如鸡痘活疫苗），有些采用点眼免疫（如传染性喉气管炎活疫苗），有些可以采用多种免疫方法（如鸡新城疫活疫苗可采用喷雾、点眼、滴鼻、饮水等方法免疫）。有些疫苗免疫1次即可（如鸡痘活疫苗），有些疫苗要免疫2～4次（如禽流感灭活疫苗）。

2.4.3.4　其它注意事项

在进行疫苗免疫时，要了解鸡群的状况。若鸡群出现明显的咳嗽或拉白痢或拉红痢以及其它明显病症时，要暂停或延期进行疫苗免疫，否则会加重病情。在疫苗免疫前后，可在饲料或饮水中添加一些多种维生素或维生素C可溶性粉，以提高鸡群的抗应激能力。在接种细菌性活疫苗时（如禽霍乱活疫苗），鸡群在免疫前2天以及免疫后10天，禁止在饲料或饮水中添加任何抗生素或磺胺类药物，否则会导致疫苗免疫失效。灭活疫苗从冰箱取出后要放置在室内回温1～2小时（或用温水回温）后注射，可以明显减少对鸡体的应激作用，活疫苗稀释后一般在2～3小时内用完。疫苗接种完毕后，剩余的液体、疫苗空瓶以及相关器械要用水煮沸处理，或拔下瓶塞后焚烧处理，防止疫苗污染场所。采用饮水免疫时，所用水要采用井水或净水，而不能用自来水（自来水中的漂白粉对活疫苗有杀灭作用），否则会影响疫苗免疫效果。饮水免疫时间一般控制在2～3小时内完成，必要时采用停水一段时间后再免疫，有时可在饮水中添加1%的脱脂奶粉，以提高活疫苗的饮水免疫效果。

2.4.4 紧急免疫

鸡场除按照免疫程序做好相关疫苗免疫接种外，在发生疫情且得到确诊的情况下，可采取该病的疫苗（活疫苗或灭活疫苗）对受威胁的鸡群或假定健康鸡群进行紧急免疫，促使其尽快产生免疫力，从而达到控制疫情的作用。常用的紧急免疫疫苗有鸡新城疫活疫苗、鸡新城疫灭活疫苗、传染性喉气管炎活疫苗、鸡痘活疫苗、禽流感灭活疫苗等。需注意的是，在疫苗紧急免疫后7～15天内，鸡群有可能会出现短期内发病率和死亡率增加的现象。

2.5　药物预防保健计划

根据鸡的不同品种、不同生长阶段或生产阶段容易出现的疾病，及时地给予一些药物进行预防，可大大地提高鸡的成活率、均匀度，保持鸡群的正常生长和生产。

2.5.1　蛋鸡的药物预防参考程序

2.5.1.1　1～3日龄

在此期间饮水中按照说明用量添加多种维生素和氟苯尼考，一方面可以减少运输应激反应，防止雏鸡脱水症状；另一方面对雏鸡的大肠杆菌病、沙门氏菌病、脐炎也有一定的防治作用，提高雏鸡育雏成活率。

2.5.1.2　8～70日龄

在此期间要喂2～3个疗程的抗支原体病药物（如选用酒石酸泰乐菌素、替米考星、延胡索酸泰妙菌素、红霉素等），每个疗程持续3～5天，每间隔15天重复使用1次，目的是防治鸡的败血支原体病、滑液支原体病。鸡支原体病控制好，日后鸡群发生大肠杆菌病的

程度会大大减轻。在用药过程中要注意各种药物之间的配伍禁忌和停药期。

2.5.1.3　15～70日龄

平地饲养的小鸡，在这期间要喂3个疗程的抗球虫药物（如选用地克珠利、磺胺氯丙嗪钠、磺胺喹噁啉、盐酸氨丙啉等），每个疗程持续2～3天，每间隔10天重复使用1次。若采用网上育雏或球虫疫苗免疫，可以不用抗球虫药物。在用药过程中要注意各种药物之间的配伍禁忌以及停药期。

2.5.1.4　产蛋期

原则上蛋鸡在产蛋期间不能使用抗生素，但在夏天炎热天气或季节交替、气候骤变时，要在饲料或饮水中添加一些抗应激药物（如维生素C或多种维生素），以减少环境因素对产蛋鸡生产性能的影响。

2.5.2　肉鸡的药物预防参考程序

2.5.2.1　1～3日龄

在此期间饮水中按照说明用量添加多种维生素和氟

苯尼考（或阿莫西林或喹诺酮类抗生素），一方面可以减少运输应激反应，防止雏鸡脱水症状；另一方面对雏鸡的大肠杆菌病、沙门氏菌病、脐炎也有一定的防治作用，提高小鸡育雏成活率。

2.5.2.2　8 ～ 70日龄

在此期间要喂2 ～ 3个疗程的抗支原体病药物（如选用酒石酸泰乐菌素、替米考星、延胡索酸泰妙菌素、红霉素等），每个疗程持续3 ～ 5天，每间隔15天重复使用1次，目的是防治鸡的败血支原体病、滑液支原体病。鸡支原体病控制好，日后鸡群发生大肠杆菌病的程度会大大减轻。在用药过程中要注意各种药物之间的配伍禁忌以及停药期。

2.5.2.3　15 ～ 70日龄

平地放养的肉鸡，在这期间要喂3个疗程的抗球虫药物（如选用地克珠利、磺胺氯丙嗪钠、磺胺喹噁啉、盐酸氨丙啉等），每个疗程持续2 ～ 3天，每间隔10天重复使用1次。若采用网上育雏或球虫疫苗免疫，可以不用抗球虫药物。在用药过程中要注意各种药物之间的配伍禁忌以及停药期。

2.5.2.4　25～50日龄

对于易发生硒缺乏症的鸡场（可能放牧地土壤中缺硒）或某些鸡品种（如青脚肉鸡），可在这期间适当提高饲料中硒的含量，或额外地添加少量亚硒酸钠制剂，防止肉鸡出现硒缺乏症。

2.5.2.5　天气转变时期

在夏天炎热天气或季节交替、气候骤变时，要在饲料或饮水中适当添加一些抗应激药物（如维生素C或多种维生素），以减少环境不良应激对肉鸡生长的影响，此外对减少肉鸡的死亡率也有帮助。

第3章 鸡常见病的诊断与防治技术

3.1 禽流感

3.1.1 概述

禽流感是由正黏病毒科流感病毒属A型流感病毒引起的各种禽类的一种疫病综合征，不同日龄、不同品种鸡均可感染发病。临床上主要有轻度呼吸系统病症、产蛋异常或严重急性全身性败血症等多种表现。该病已被世界动物卫生组织规定为A类传染病，我国也将其列为一类动物疫病，是危害养鸡业的头号大敌。20世纪90年代末发现人类也可感染禽流感，病毒通过接触病禽以及病禽分泌物或排泄物污染的水、蛋箱、蛋托、种蛋、垫草等，经消化道或呼吸道传播给人，感染后症状与普通的感冒相似，严重的会导致死亡。目前尚无人与人直接传播的确切证据。

3.1.2 流行病学

禽流感病毒可以感染大多数家禽、野禽、观赏鸟等，最易感的是鸡、火鸡、鸭和鹅等，也可感染哺乳类动物如马和猪等，也能感染人并致死。不同日龄、不同品种、不同性别的鸡均可感染发病。野禽特别是野生水禽中贮存的流感病毒或病（死）禽的分泌物和排泄物是主要的传染源，被污染的水源可能长期带有流感病毒，可感染水禽群或鸡群。该病可通过直接与病（死）禽接触感染，也可通过与带毒分泌物、排泄物污染的饲料、水、蛋托（箱）、垫料等接触而传染，还可通过气溶胶传播，没有证据表明该病可垂直传播，但在蛋的表面和内部都能检测到禽流感病毒。该病多发于冬春季节，特别是鸟类迁徙时，经过的区域常常发生禽流感的疫情。

3.1.3 临床表现

不同的禽流感病毒毒株，致病力差异很大。鸡群感染禽流感后，表现的临床症状与病毒的毒力有关，也

与日龄、饲养管理水平、营养状况、有无并发或继发感染、应激等有关。临床上可以将其分为典型禽流感和非典型禽流感两种。

典型禽流感由H5、H7等亚型中的高致病性毒株引起。最急性病例往往无先兆症状而突然死亡。急性病例发病突然，饲料和饮水量急剧下降，发病率、病死率几乎为100%，体温明显升高，精神极度沉郁，鸡冠、肉垂、脚部和皮下发绀呈紫红色或紫黑色（图3-1、图3-2），鸡冠、肉垂和眼睑水肿（图3-3）；病程稍长的鸡出现站立不稳（图3-4）、原地转圈等共济失调症状。蛋鸡发病时，产蛋率急剧下降。

图3-1　病鸡精神极度沉郁，鸡冠和肉垂呈紫黑色（黄瑜 供图）

图3-2 腹部皮下发绀呈紫红色（黄瑜 供图）

图3-3 眼睑水肿（黄瑜 供图）

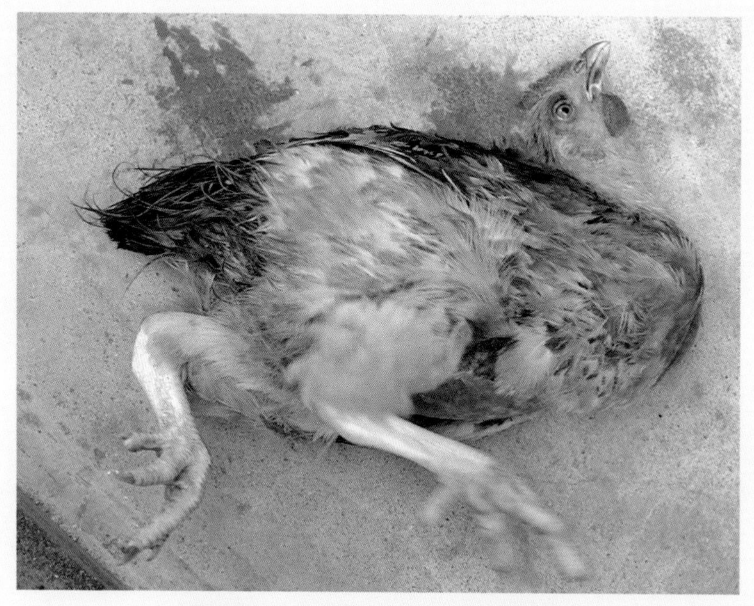

图3-4　病鸡站立不稳（黄瑜 供图）

非典型禽流感由中等毒力以下毒株引起，以呼吸道症状如咳嗽、啰音、打喷嚏、伸颈张口和鼻窦肿胀为主，发病缓和，病程长，发病率、病死率较低，蛋鸡的产蛋率下降。

3.1.4　剖检变化

心包膜略增厚并与胸骨轻微粘连，心冠脂肪出血，心肌出血或心肌坏死形成白色条纹（图3-5）；肝脏出

视频3-1

[扫码观看：流感，卵黄性腹膜炎（江斌　供）]

血或有少量坏死点（图3-6）；腺胃乳头出血或腺胃和肌胃的交界处黏膜出血；消化道黏膜广泛出血，尤其是十二指肠黏膜（图3-6）和盲肠扁桃体出血更为明显；胰腺表面有少量的白色（图3-7）或淡黄色坏死点（图3-8）；呼吸道黏膜充血、出血；脾脏、肺脏和肾脏等出血；蛋鸡或种鸡的卵泡充血、出血（图3-9）、萎缩，输卵管内可见乳白色分泌物或凝块，有的见卵泡破裂引起的卵黄性腹膜炎（图3-10、视频3-1）。

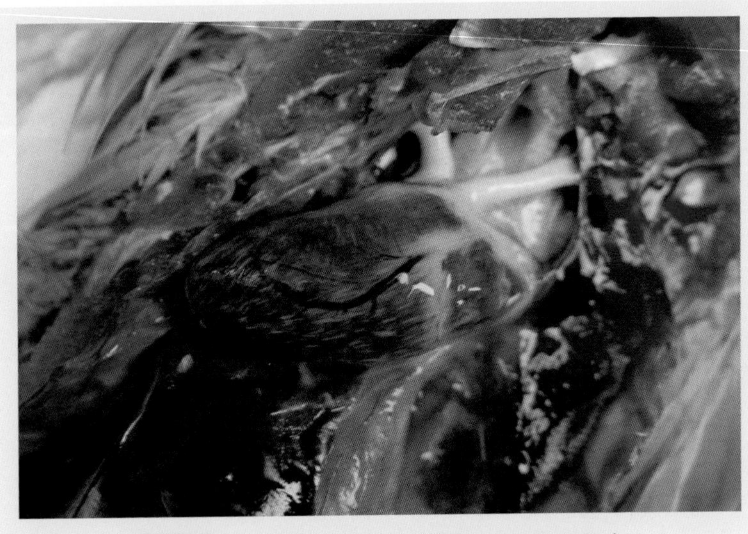

图3-5　心肌的白色条纹状坏死（黄瑜 供图）

图3-6 肝脏的白色坏死点，十二指肠黏膜出血（黄瑜 供图）

图3-7 胰腺表面的白色坏死点（黄瑜 供图）

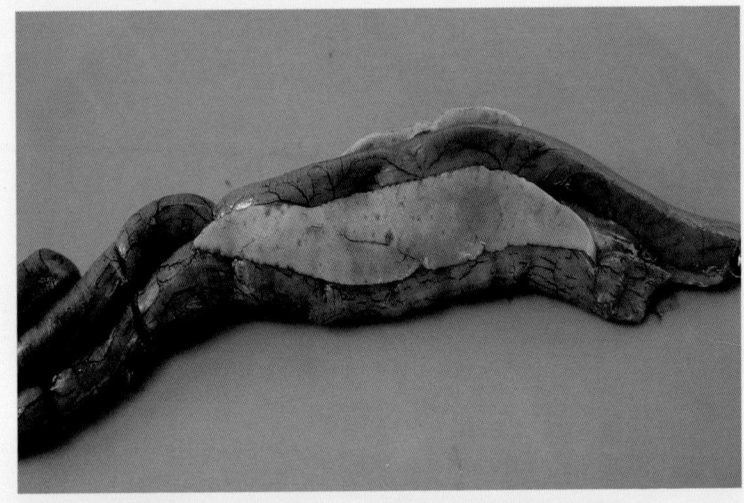

图3-8　胰腺表面的淡黄色坏死点（黄瑜 供图）

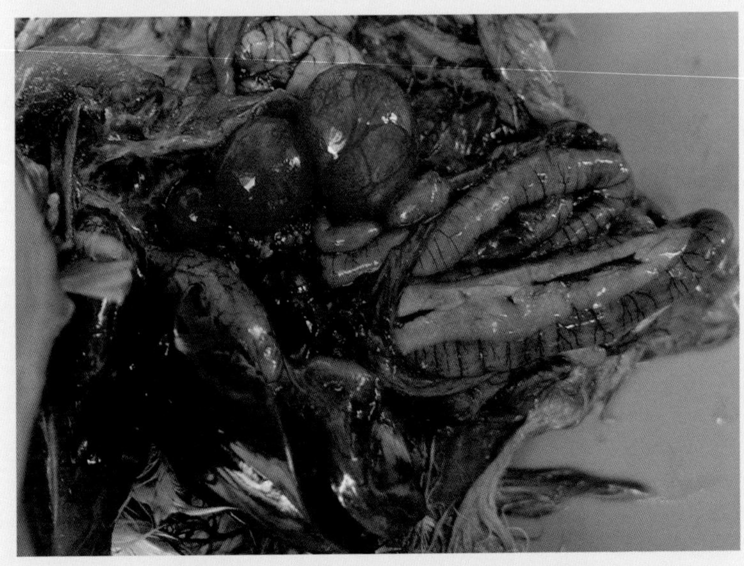

图3-9　卵泡充血、出血（黄瑜 供图）

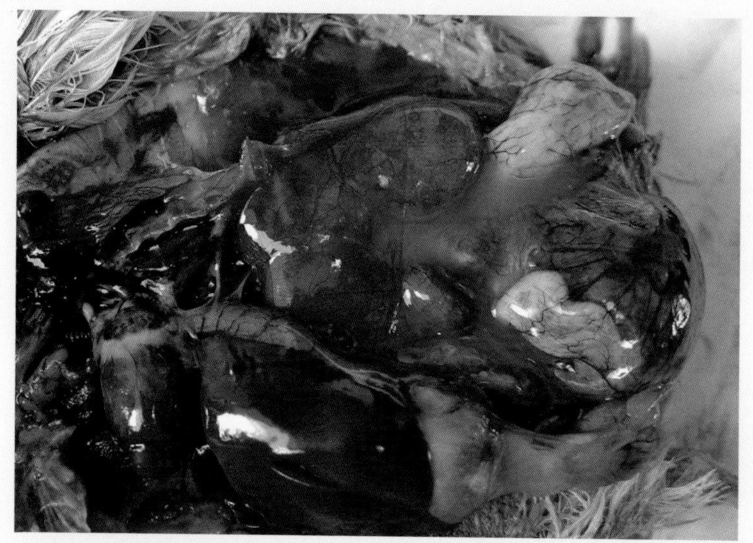

图3-10　卵泡破裂引起的卵黄性腹膜炎（黄瑜 供图）

3.1.5　诊断

据该病的特征性临床症状和剖检变化，结合流行病学特点，一般较易做出初诊。需确诊时要进行病毒的分离鉴定（必须在国家规定的生物安全三级实验室内进行），或参考国家标准《高致病性禽流感诊断技术》（GB/T 18936—2003）或农业标准《禽流感病毒RT-PCR检测方法》（NY/T 772—2013）进行病毒的检测。临诊中与鸡新城疫、鸡传染性支气管炎、鸡传染性喉气管炎、鸡传染性鼻炎、鸡败血支原体病等有相似的表现，可根据各自的临床特点及实验室检测结果加以区别。

3.1.6 防治

免疫接种是预防禽流感的一个重要措施，血凝和血凝抑制试验可以检测血清中的抗体，常用来评价疫苗的免疫效果。常用的免疫程序为10～15日龄首免、30～50日龄二次免疫，产蛋鸡于开产前2～4周再免疫一次，以后每半年免疫一次。

世界动物卫生组织已将高致病性禽流感归为必须报告的动物疫病，我国也将该病列入一类动物疫病，一旦发生疑似高致病性禽流感疫情，应按要求上报农业部门，按有关预案和防治技术规范要求，依法防控，做好疫情的处置工作。

发生低致病性禽流感，应采取紧急免疫接种，同时加强消毒工作，改善饲养管理，防止继发感染等综合措施。可以选择一些抗病毒的药物或清热解毒、止咳平喘的中草药或中成药来辅助治疗，必要时应用抗生素控制继发感染。

3.2 新城疫

3.2.1 概述

鸡新城疫又称亚洲鸡瘟，是由鸡新城疫病毒引起鸡的一种急性、高度接触性传染病，具有很高的发病率和死亡率，因其造成的损失较大，所以大多数农村养殖户将其俗称为“鸡瘟”。人偶有感染新城疫病毒患结膜炎的病例，与患该病的鸡群接触时应注意个人防护。

3.2.2 流行病学

在自然条件下，本病可发生于鸡、鸽、火鸡、珍珠鸡、雉鸡等家禽和多种野鸟，自然发病禽种的增多成为本病流行病学上的新特点。各种日龄的鸡均可感染发病，以幼龄鸡最易感。纯种鸡比杂交鸡易感，死亡率也高。某些土种鸡和观赏鸟对本病的抵抗力较强，常呈隐性感染，成为重要的病毒携带者和传播者。本病的传染源主要是病鸡、带毒鸡、隐性感染的野鸟等，其排出的粪便和口腔黏液含有大量的病毒，污染饲料、饮水或器具等，主要经消化道、呼吸道及结膜传染给易感鸡。本病冬春季节发生较多。

3.2.3 临床表现

本病自然感染的潜伏期一般为3～5天，根据临床发病的特点将其分为典型新城疫和非典型新城疫两种。由于新城疫疫苗的广泛使用，典型新城疫的发生显著降低，但由于野毒株毒力的增强、疫苗免疫程序的不合理、疫苗免疫效果的不确定（特别是饮水免疫、气雾免疫等）、疫苗保存的不当等，新城疫仍时有发生，但表现的症状和病变相对缓和，称之为非典型新城疫。

3.2.3.1 典型新城疫

主要发生于20～50日龄的未免疫鸡群，发病鸡群的典型症状为精神沉郁、食欲减退、呼吸困难、嗉囊积液（图3-11）、排黄绿色或黄白色稀粪，发病后2～3天鸡群的死亡数量明显增多；随着病情的发展，可见病鸡出现歪头、头颈扭曲（图3-12）、呈“观星状”、站立不稳、共济失调等神经症状。成年鸡发病时死亡率较低，除上述症状外，还可见产蛋率急剧下降、蛋壳褪色、软壳蛋明显增多及剧烈腹泻等。

图3-11 病鸡站立不稳，嗉囊积液（程龙飞 供图）

图3-12 病鸡头颈扭曲（傅光华 供图）

3.2.3.2 非典型新城疫

其特点为发病率不高、临床表现不明显、病理变化不典型和死亡率低。雏鸡和中鸡发病时，常见咳嗽、呼吸啰音等呼吸道症状。病程长的鸡，出现头颈歪斜、站立不稳、转圈等神经症状。成年鸡发病时，症状轻微，产蛋量明显下降，软壳蛋增多。

3.2.4 剖检变化

3.2.4.1 典型新城疫

病死鸡口腔内有大量灰白色黏液，嗉囊积液，带有酸臭味；喉头和气管充血或出血；腺胃乳头出血（图3-13），腺胃与肌胃交界处出血（图3-14）；小肠黏膜有枣核形的出血区，略突出于黏膜表面；肠黏膜出血（图3-15）；盲肠扁桃体肿大、出血（图3-16）；直肠黏膜呈条纹状出血。一般将腺胃出血和盲肠扁桃体肿大、溃疡作为该型的特征性病变。

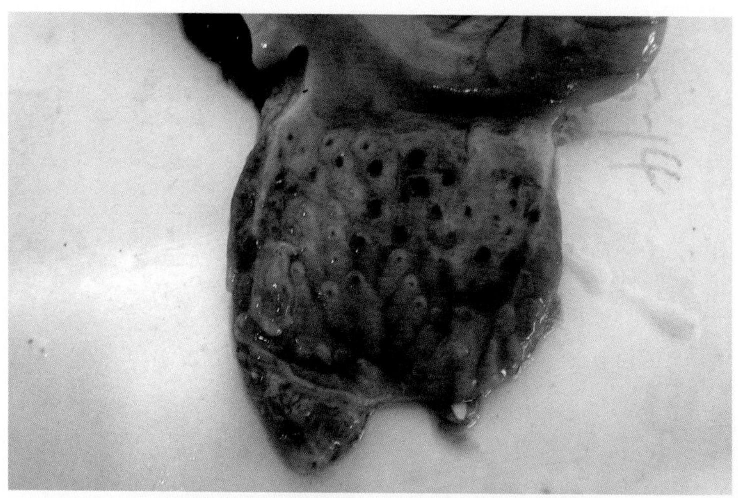

图3-13　腺胃乳头出血（傅光华 供图）

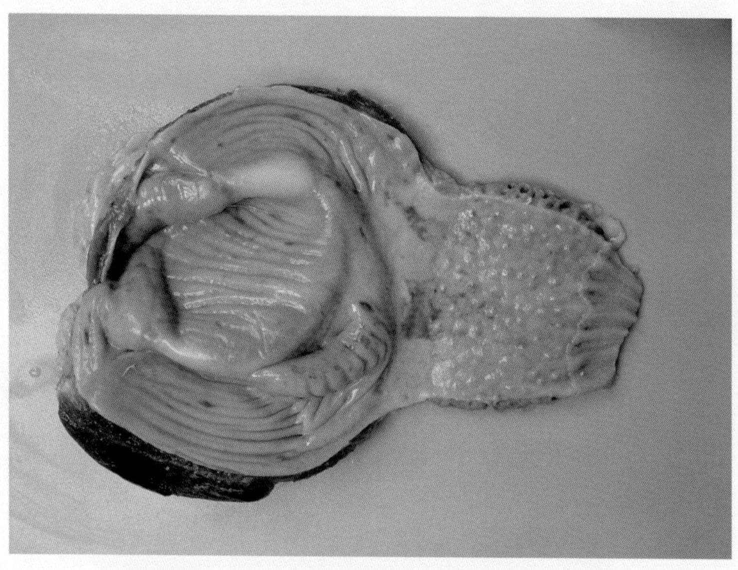

图3-14　腺胃与肌胃交界处出血（程龙飞 供图）

图3-15 肠黏膜出血（傅光华 供图）

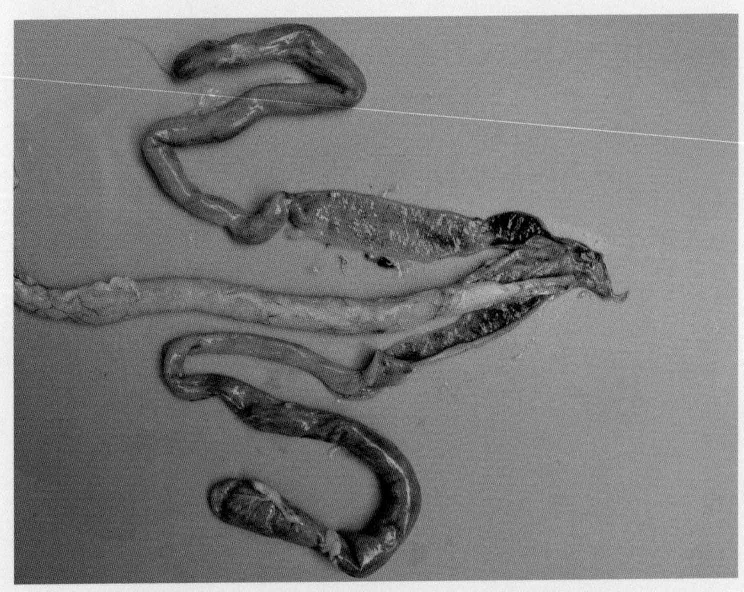

图3-16 盲肠扁桃体肿大、出血（程龙飞 供图）

3.2.4.2　非典型新城疫

病死鸡眼观病变不明显。雏鸡一般见喉头和气管充血、水肿和出血，有大量黏液，心冠脂肪出血，腺胃肿胀，小肠卡他性炎症等。中鸡发病时可见喉头和气管黏膜明显充血、水肿和出血，小肠轻度卡他性炎症，有时出血。成鸡发病时病变不明显，仅见轻微的喉头和气管充血。

3.2.5　诊断

对于典型新城疫，根据呼吸困难、腹泻、神经机能紊乱等临床表现和腺胃乳头出血，盲肠扁桃体肿大、溃疡等特征性的病理变化，可做出初步诊断。非典型新城疫的诊断，应结合实验室检测结果进行综合判断，可参考国家标准《新城疫诊断技术》（GB/T 16550—2008）或商检行业标准《新城疫检疫技术规范》（SN/T 0764—2011）进行病毒的检测。临诊中与禽流感、鸡传染性支气管炎、鸡传染性喉气管炎、鸡传染性鼻炎、鸡败血支原体病等有相似的表现，可根据各自的临床特点及实验室检测结果加以区别。

3.2.6 防治

预防本病应采用疫苗接种。新城疫疫苗有两大类：一类是活疫苗，其中有中等毒力的Ⅰ系苗和活疫苗（如Ⅳ系苗、N系苗和克隆-30等）；另一类是油佐剂灭活苗。鸡群的免疫应根据鸡的母源抗体水平确定首免时间，以后根据疫苗接种后的抗体滴度确定加强免疫的时间。大中型鸡场一般在10日龄时用活疫苗滴鼻、点眼；25日龄时用同样的疫苗肌内注射进行二免并同时注射油佐剂灭活苗。应利用监测手段掌握抗体水平，若在70～90日龄时抗体水平偏低，可再补做一次活疫苗的气雾免疫，17周龄时再进行一次油佐剂灭活苗加强免疫。

发病时应将病（死）鸡深埋或焚烧，严格消毒场地、物品和用具。根据具体情况可进行紧急接种，雏鸡用新城疫活疫苗Ⅳ系稀释20倍后滴鼻，中雏（60日龄以上）可肌注两倍量的Ⅰ系苗。紧急接种会加速一部分感染鸡的死亡，但整个鸡群在接种后1周左右停止死亡。也可对病鸡注射抗新城疫高免卵黄抗体，每羽1～2毫升，同时应用抗病毒药和抗生素，可在一定程度上控制疫情。

3.3　马立克氏病

3.3.1　概述

马立克氏病是由马立克氏病病毒引起的鸡的一种淋巴细胞增生性疾病，通常以外周神经和包括虹膜、皮肤在内的其他各种器官和组织的单核性细胞浸润为特征。本病最早的报道见于1907年，随后许多国家均发现此病，该病现存在于全世界所有养鸡国家。在大量饲养家禽的地区，每个鸡群都会被感染，并遭受一定损失。研究人员证明马立克氏病病毒或任何该病毒的疫苗毒与人类癌症没有病原学联系，因此，该病的公共卫生学意义不大。

3.3.2　流行病学

所有品种鸡都易感并形成肿瘤，其他的禽类包括鸭、麻雀、鹧鸪、鸽子和孔雀等均不易感，哺乳动物也不感染该病。不同日龄、不同品种、不同性别的鸡均可感染，但感染时鸡的年龄对发病的影响很大，小日龄特别是刚出雏不久的鸡早期感染可导致很高的发病率和死亡率；年龄较大的鸡发生感染后，病毒可在体内复制，但多数不发病。病鸡和带毒鸡是主要的传染源。病毒粒子存在于鸡羽囊上皮细胞中，随角化细胞脱落，传染性很强，经气源传播。该病的潜伏期较长且难以确定，一般在1个月以上。发病率和病死率因所感染的马立克氏病毒的毒力大小而有很大变化。病程通常较长，死亡通常由饥饿、失水或同栏鸡的踩踏所致。本病无明显季节性。

3.3.3 临床表现

1月龄以上的鸡才会表现症状，8～9周龄的鸡发病严重。根据病变发生的主要部位，分为4种类型，同一只病鸡可能存在几种类型。

3.3.3.1 内脏型

病鸡精神不振、食欲减退、消瘦（图3-17）、鸡冠发白、常蹲伏于角落，发病后几天内死亡。

3.3.3.2 神经型

病鸡极度消瘦、鸡冠发白，根据被侵害神经的不同，可见到颈部斜向一侧、翅膀或腿的不对称麻痹或完全瘫痪，典型症状为一腿向前伸、一腿向后伸的劈叉姿势（图3-18）。

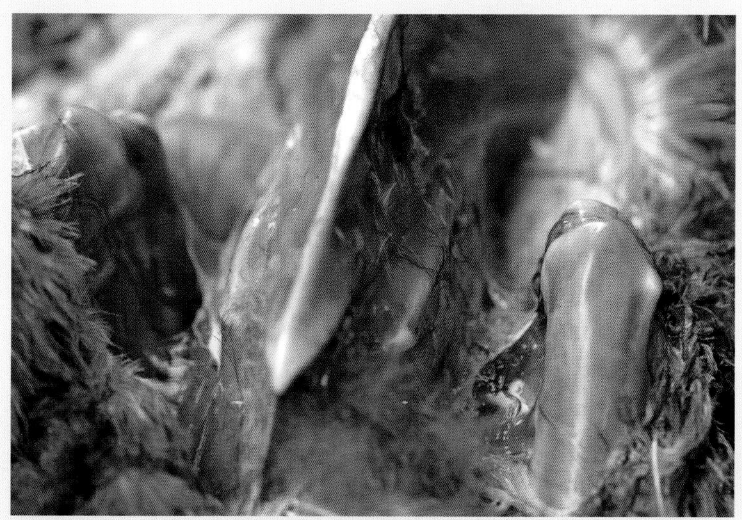

图3-17　病鸡消瘦，胸肌、腿肌菲薄，龙骨明显可见（程龙飞 供图）

图3-18　一腿向前伸、一腿向后伸的劈叉姿势（祁保民 供图）

3.3.3.3 皮肤型

病鸡皮肤上有淡白色或淡黄色肿瘤结节（图3-19），突出于皮肤表面，有时破溃，多发生在颈部、翅膀和大腿，褪毛后看得更清楚。

图3-19 皮肤上的肿瘤结节（程龙飞 供图）

3.3.3.4 眼型

病鸡一侧或两侧眼睛失明，呈灰白色。

3.3.4 剖检变化

本病的特征是肿瘤样病变，可见于内脏、神经、皮肤和眼睛。

3.3.4.1　内脏型

视频3-2

［扫码观看：马立克氏病（程龙飞　供）］

肿瘤可见于心脏（图3-20）、肝脏（图3-21、图3-22、视频3-2）、脾脏（图3-23）、卵巢、肺脏、肾脏（图3-24）、腺胃（图3-23）、肠壁、胰腺、睾丸（图3-25）等，严重者整个腹腔都有肿瘤（图3-26）。受侵害的实质脏器明显增大，呈浅灰色。肿瘤大小不一，从针尖大小、米粒大小、黄豆大小直至乒乓球大小都有可能；肿瘤的质地坚韧，生长在实质脏器内或突出于脏器表面，与脏器组织无明显界限，或独立呈明显的结节状。

图3-20　心脏上的肿瘤（程龙飞 供图）

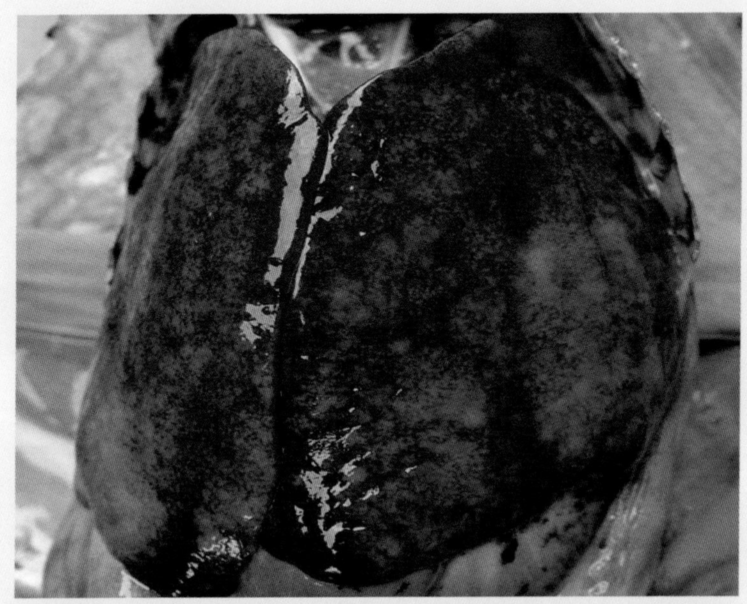

图3-21 肝脏上的肿瘤，与肝组织没有明显的界限（程龙飞 供图）

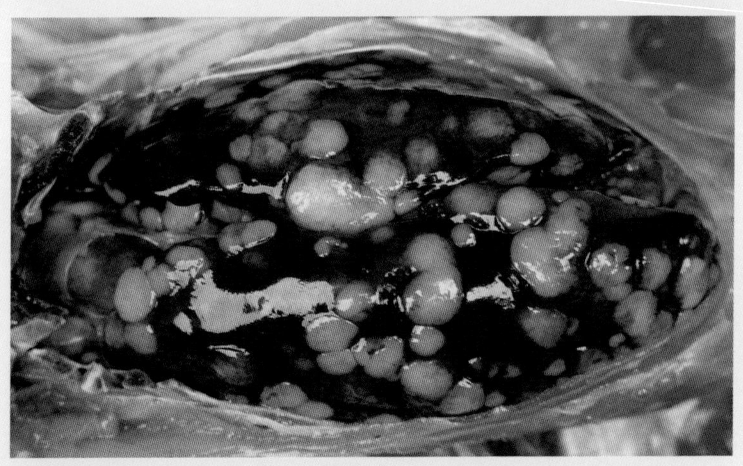

图3-22 肝脏上的肿瘤，结节状分布在肝脏上（程龙飞 供图）

图3-23　脾脏和腺胃上的肿瘤（程龙飞 供图）

图3-24　肾脏上的肿瘤（程龙飞 供图）

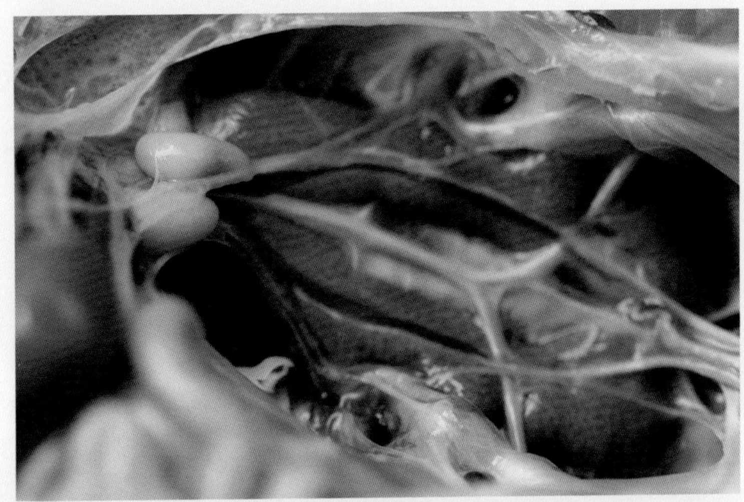

图3-25 睾丸上的肿瘤（程龙飞 供图）

图3-26 肿瘤散布于整个腹腔（程龙飞 供图）

3.3.4.2　神经型

受侵害的神经多为坐骨神经、臂神经和迷走神经。受侵害神经肿大、粗细不均、横纹消失，呈灰色或淡黄色，有时水肿。用手触摸颈部迷走神经，可以感觉到有结节，两侧的坐骨神经和臂神经可以看到不对称的肿胀。

3.3.4.3　皮肤型

皮肤上的肿瘤结节呈淡白色或淡黄色，突出于皮肤表面，有时破溃。

3.3.4.4　眼型

病鸡一侧或两侧的虹膜有肿瘤物生长。

3.3.5　诊断

根据特征性的肿瘤样病变，结合发病鸡的日龄至少在1月龄以上，可以做出初步诊断。可参考国家标准《鸡马立克氏病诊断技术》（GB/T 18643—2002）进行病毒或抗体的检测，但只能证明感染的存在而不能证明疾病的存在，故应结合该病的典型临床特征进行综合判定。禽白血病和网状内皮增生病在剖检变化上与该病的内脏型有很大的相似之处，应注意鉴别。临床上，白血病的发病率较低，一般不超过5%，发现日龄多在18周龄以上；网状内皮增生病的发病率也较低。三者之间的鉴别最好交由专业人士通过病理组织学来进行。

3.3.6 防治

做好严格的生物安全防范措施，减少鸡群早期接触马立克氏病毒的概率可以有效地降低该病的发生率，但疫苗的接种是必需的，疫苗常选用火鸡疱疹病毒（HVT）疫苗或CVI988病毒疫苗。小鸡在一日龄必须进行接种且越早越好，建议在一周龄时再接种一次。马立克氏病的疫苗免疫失败案例时有发生，原因也是多方面的。在实际生产中，首先是做好种蛋、孵化室、出雏室及鸡舍的消毒，尤其是雏鸡产生免疫力之前；其次把好疫苗质量关，做到冷运、冷藏、冷稀释、稀释后迅速用完；再次，雏鸡出壳不齐时要分批注射，要求尽早尽快准确细致接种疫苗。对于患该病的鸡群，目前尚无有效的治疗方法，只能淘汰。

3.4　传染性法氏囊病

3.4.1　概述

鸡传染性法氏囊病是由鸡传染性法氏囊病病毒引起的危害雏鸡的一种急性、高度接触性、病毒性传染病。该病于1957年首先在美国特拉华州的甘布罗镇附近的一些鸡场发现，因此被称为“甘布罗病”。1962年Cosgrove首次详细报道该病，1970年世界禽病大会正式将其命名为“传染性法氏囊病”。该病不仅能引起雏鸡死亡，而且能导致雏鸡免疫抑制，并发或继发其他疾病，降低机体对疫苗的反应强度。因此，该病自从发现以来，一直是养禽业关注的重要疾病。疫苗的使用曾一度使该病得到较好控制，但随着20世纪80年代末美国变异毒株和欧洲超强毒株的出现，经典毒株制备的疫苗无法对其提供有效的免疫保护，使该病的防制变得严峻起来。

3.4.2 流行病学

目前，该病呈世界性流行，我国于1979年首次发现，随后在全国流行。鸡并非是该病的唯一宿主，麻雀、鸭、鹅均可自然感染，但通常不表现临床症状，可能成为病毒携带者或贮存宿主。病鸡或带毒鸡为主要的传染源，传播途径有消化道、呼吸道和眼结膜等，可通过鸡体之间的直接接触，或通过污染病毒的各种媒介物如饲料、饮水、尘土、器具、垫料、人员衣鞋、昆虫、机械等间接接触传播。3 ～ 10周龄的鸡比较易感，感染后不仅发病且出现严重的免疫抑制；10周龄以上的鸡感染后几乎不发病，免疫抑制也较轻。本病潜伏期短，人工感染后2 ～ 3天出现临床症状，突出表现为突然发病，发病率较高，死亡率迅速升高并维持较短时间，而后死亡率迅速降低，死亡往往集中发生于很短的几天内，即呈现所谓的“尖峰式死亡”特点。该病的流行没有明显的季节性，多呈地方性暴发流行。由于疫苗的广泛应用，典型病变的发病率逐年下降，代之以非典型病变的发病率逐年升高。由于鸡传染性法氏囊病病毒对环境抵抗力非常强，很难清除，可持续存在于鸡舍的环境中，所以一旦发病，鸡场应彻底

消毒且空栏一段时间。

3.4.3 临床表现

被感染的鸡早期表现出精神沉郁、食欲减退、自啄肛门（图3-27）等症状；随着病程的发展，感染鸡出现精神高度萎靡，采食量大量减少，肛门污秽，排出大量白色稀粪或水样粪便，部分鸡出现全身震颤的症状。

图3-27　病鸡自啄肛门引起尾部出血（程龙飞 供图）

3.4.4 剖检变化

剖检见尸体脱水，胸肌（图3-28）、腿肌出血（图3-29），输尿管尿酸盐沉积使得肾脏肿大，外观呈花斑样，法氏囊水肿至平时的2～3倍（图3-30），外观呈胶冻样，或出血（图3-31），严重者呈紫葡萄样，法氏囊切开后，浆膜面水肿或出血，内有黄色胶冻样渗出物或干酪样分泌物。

图3-28 胸肌出血（江斌 供图）

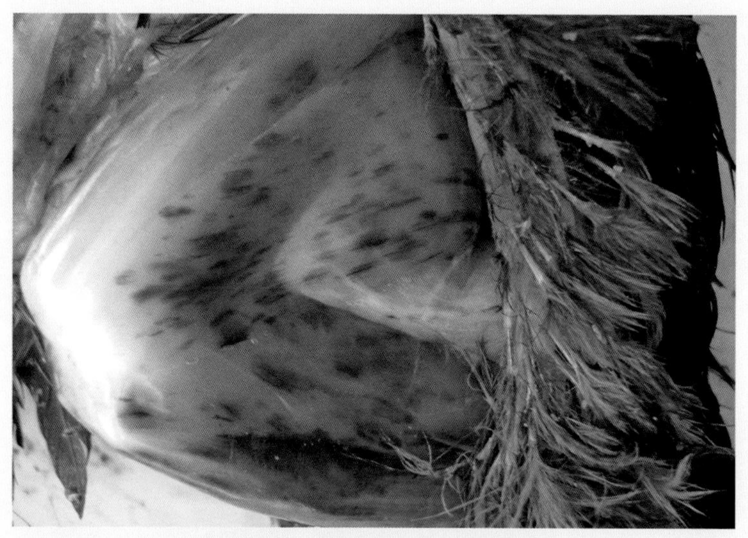

图3-29　腿肌出血（江斌 供图）

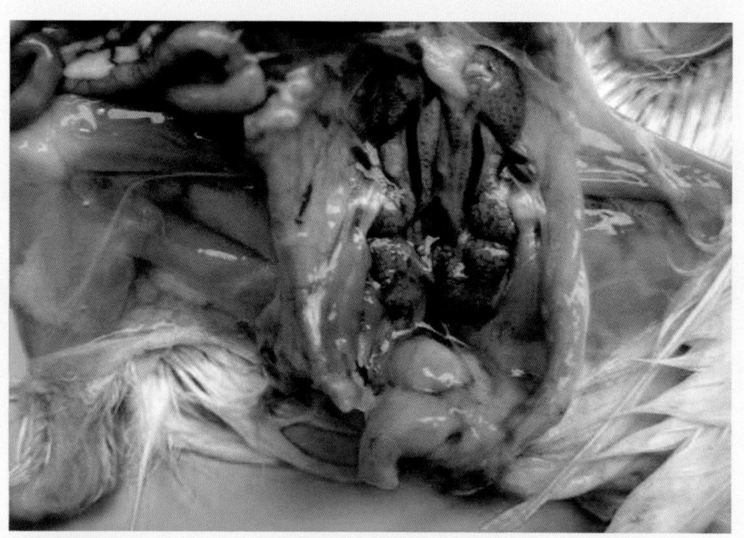

图3-30　肾脏肿大，外观呈花斑样，法氏囊水肿（程龙飞 供图）

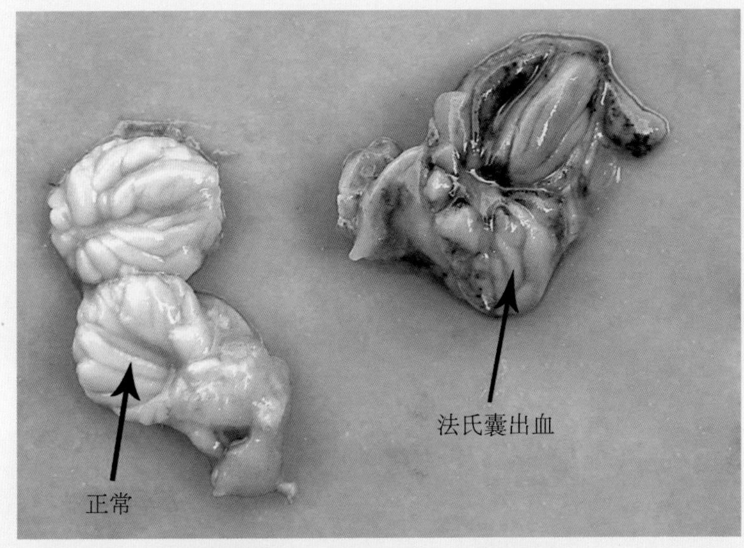

图3-31 法氏囊出血（江斌 供图）

3.4.5 诊断

根据临床表现、特征性的“花斑肾”、水肿或出血的法氏囊，可以做出初步诊断。确诊还需结合实验室检测结果。国际动物卫生组织推荐使用的检测手段主要包括病毒中和试验、免疫琼脂扩散试验、免疫荧光试验、抗原捕获ELISA和RT-PCR技术等，并提供了详细的试验程序。临诊中，“花斑肾”与鸡传染性支气管炎、某些药物应用过量、痛风等有相似之处，应注意鉴别。

3.4.6 防治

鸡传染性法氏囊病病毒对环境抵抗力非常强，耐热（70℃及以上才迅速灭活），耐阳光及紫外线照射，耐酸不耐碱；病鸡的粪便，存放52天，其中的病毒仍保持感染力。鸡场一旦发病，该病毒很难被清除，鸡场应彻底消毒且空栏一段时间。首推的消毒药为甲醛。

免疫接种是预防鸡传染性法氏囊病的一种有效措施，常用的疫苗有灭活疫苗和活疫苗。灭活疫苗也常与新城疫疫苗、传染性支气管炎疫苗等制成联苗；活疫苗有低毒力疫苗和中等毒力疫苗。目前多选用中等毒力的多价苗，对法氏囊会有轻度可逆性损伤，但不会造成免疫抑制。由于母源抗体常常影响传染性法氏囊病疫苗的免疫效果，所以根据雏鸡母源抗体的水平制定适合本场的免疫程序至关重要。可用琼脂扩散法，按0.5%的比例随机采血制备血清，检测鸡群的抗体水平，据此确定首次免疫和加强免疫的时间，可收到很好的效果。没有条件进行抗体检测的，推荐两种免疫程序，一是常规的免疫程序，分别于14～18日龄、28～32日龄进行饮水免疫；二是在该病经常发生的地区，于1～4日龄时选择灭活疫苗皮下注射，然后分别于14～18日龄、28～32日龄进行饮水免疫。治疗该

病时可选择高免卵黄抗体，采用注射的方式进行，同时添加抗生素防止继发感染。

3.5 传染性支气管炎

3.5.1 概述

传染性支气管炎是由传染性支气管炎病毒引起鸡的一种急性、高度接触性传染病，主要危害鸡呼吸道和泌尿生殖道，感染鸡可由于呼吸道或肾脏病变而引起死亡。耐过鸡生产性能和饲料报酬降低，极易继发细菌感染，因此对本病的研究具有重要意义。本病最早由Schalk于1930年在美国北达科他州发现，随后在世界各地相继发现。我国自20世纪50年代就有该病的报道，1982年首次分离到毒株。该病目前仍然是鸡场的主要疫病之一。传染性支气管炎病毒易发生变异，全世界已分离到的毒株有20多个血清型和变异株，不同血清型之间的交叉保护效果差，给该病的免疫防控带来极大的困难。不同毒株的组织嗜性和损伤的器官不同，主要有呼吸道型、肾型和腺胃型等，也有的将其

进一步细分为肠型、生殖道型等。

3.5.2　流行病学

本病在世界许多国家均有发生，易感动物主要是鸡，所有年龄的鸡都容易感染，小日龄雏鸡感染后发病严重，病死率约为15%～30%，而成年鸡则主要表现产蛋下降和蛋品质下降。传染源为病鸡和带毒鸡，从呼吸道排出病毒，经空气飞沫可以远距离（有的可达1公里以上）迅速通过呼吸道传染给易感鸡，这是主要的传播方式。粪便中排出的病毒、呼吸道黏液中的病毒，也可以污染饲料、饮水、饲养员及用具等，经消化道传染。传播速度快是其最大的特点。一年四季均可发生。

3.5.3　临床表现

不同毒株引起的病变类型不同，共同的特点是传播迅速、潜伏期短，一般仅为1～3天。

3.5.3.1　呼吸道型

6周龄内的鸡群发病严重，常突然发病，出现呼吸

视频3-3

［扫码观看：传染性支气管炎（江斌　供）］

道症状，并迅速波及全群。表现的呼吸道症状主要为，病鸡流鼻涕，发出气管啰音，频繁咳嗽，打喷嚏，伸颈、张口呼吸（视频3-3）。随着病情的发展，表现全身症状，病鸡精神沉郁，采食减少，羽毛蓬松，怕冷打堆，饮水增加。严重的可见鼻窦肿胀，流黏性鼻液，病鸡由于呼吸道堵塞常甩头。小母鸡感染后可能出现输卵管狭窄，影响成年后的产蛋率，所以发生过该病的鸡群不宜留作产蛋用。产蛋鸡群感染后，产蛋量下降30%左右，同时蛋的品质下降，可见软壳蛋、砂壳蛋、畸形蛋等，卵黄变小，蛋清稀薄呈水样，一般经4～5周后产蛋量开始逐渐回升。

3.5.3.2　肾型

肾型主要侵害20～50日龄的鸡群，感染鸡群表现轻微的呼吸道症状，如气管啰音、咳嗽、打喷嚏等，但由于不严重常被忽视。这个过程持续1～4天，接下来病鸡表面上看起来康复，呼吸道症状消失。隔数日后突然发病，病鸡精神沉郁，采食减少，排白色稀粪或白色水样粪便（白色是尿酸盐），迅速消瘦，饮水量增加。疾病后期病鸡冠、髯发绀，伏地不起。雏鸡的

死亡率为10%～30%，50日龄以上的鸡感染后，死亡率很低，但耐过鸡生长发育不良。

3.5.3.3　腺胃型

腺胃型主要发生于3～14周龄的育成蛋鸡，病鸡精神略差，采食量略有下降，主要表现轻微呼吸道症状，流泪，眼肿，腹泻，消瘦，生长缓慢，陆续有死亡，病程长，后期整个鸡群的个体差异很大，总死亡率约为20%。

3.5.4　剖检变化

不同毒株的感染引起不同的病变类型，其剖检变化也有不同之处。

3.5.4.1　呼吸道型

呼吸道型主要病变集中于鼻腔、气管、支气管和肺等。鼻腔黏膜充血，鼻腔中有黏稠或干酪样分泌物，喉头内有大量黏液，气管黏膜充血、出血（图3-32）或气管环出血，气管内有灰色、黄色（图3-33）或黑黄色干酪样分泌物，严重时堵塞，支气管内有时也有分泌物堵塞（图3-34），肺脏水肿、充血或出血。输卵管发育受阻，变细或变短，严重呈囊状。产蛋鸡的卵泡变形。

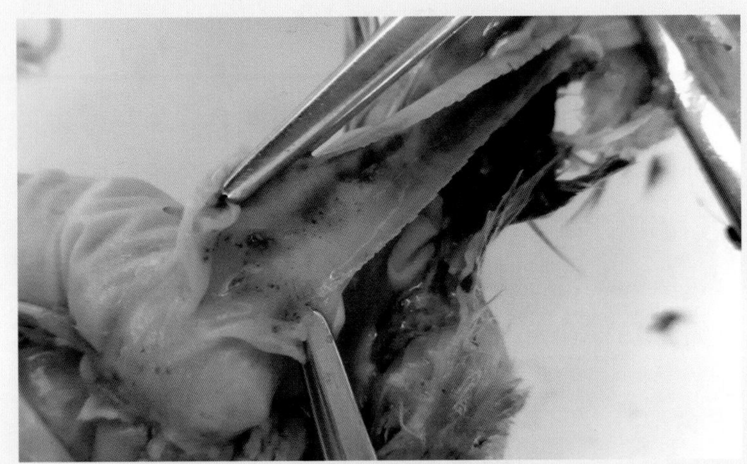

图3-32 气管黏膜出血（刘荣昌 供图）

图3-33 气管内黄色干酪样分泌物（钟敏 供图）

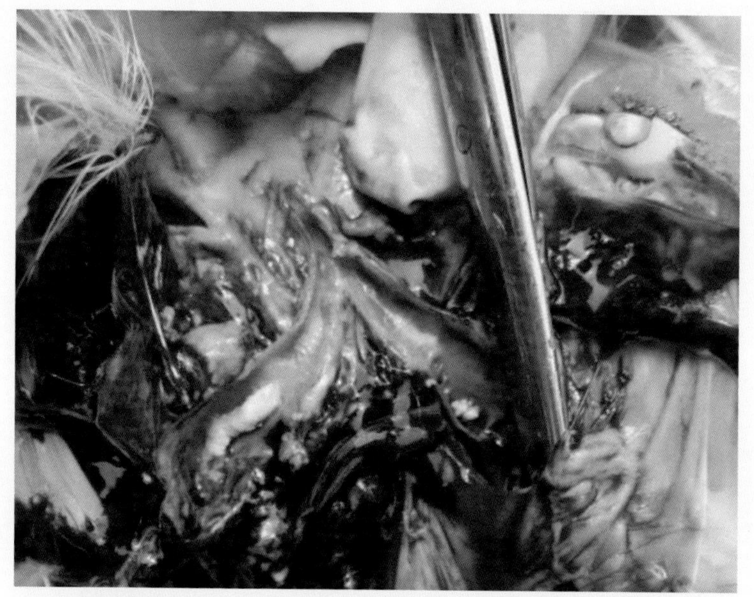

图3-34　支气管内黄色干酪样分泌物堵塞（钟敏 供图）

3.5.4.2　肾型

病死鸡全身发绀，脱水，主要病变在肾脏。肾脏肿大、苍白，肾小管和输尿管因充满白色的尿酸盐而扩张，使得肾脏外观呈花斑样，切开肾脏有大量白色尿酸盐流出。严重病例在心包表面、胸腔、腹腔内的浆膜面均可见白色的尿酸盐沉积。泄殖腔膨大，内有大量白色的石灰样粪便。有时还可见肠道黏膜脱落，法氏囊充血或出血，腔内有黄色胶冻状物。母鸡卵巢发生退行性变化，腹腔内有游离的卵黄样物质，卵巢充血或出血，有的呈紫色。

3.5.4.3 腺胃型

病死鸡腺胃肿大，腺胃壁增厚，腺胃黏膜出血或发生溃疡。

3.5.5 诊断

根据临床表现和剖检特点可以做出初步的诊断。确诊还需结合实验室的检测，主要有血清中和试验（鸡胚气管环培养观测纤毛运动情况）、琼脂扩散试验、血凝和血凝抑制试验等。临床上应与同样表现呼吸道症状的鸡新城疫、传染性喉气管炎、传染性鼻炎、败血支原体病等相鉴别；肾脏的病变与某些药物应用过量、痛风、传染性法氏囊病等有相似之处，应注意鉴别。

3.5.6 防治

降低饲养密度，减少各种应激因素，同进同出的饲养模式是预防本病的一般措施。该病毒对一般的消

毒药敏感，易被紫外线杀死。但是该病毒的传播力强、传播距离远，隔离对该病的预防几乎无效。传染性支气管炎病毒血清型众多，新的变异株不断出现，不同血清型之间没有或很少有交叉保护，而且病毒对器官的亲嗜性不断变化，致使临床症状和病理变化完全不同，给传染性支气管炎的防治带来了很大困难。适时接种疫苗是主要的预防办法。疫苗的种类有灭活苗和活疫苗。灭活苗有组织灭活油乳剂疫苗和灭活油乳剂疫苗，于8～16周龄肌内注射，其特点是安全性好，免疫效果较好。疫苗于2～8℃保存，用前注意有无分层，若水相、油相分层则不能使用。雏鸡用的H120、成年鸡用的H52、Ma5等均是常用的活疫苗。此外还有不同血清型毒株制备的疫苗，接种方法是饮水、滴鼻或点眼等。免疫程序根据本地区传染性支气管炎的流行情况和母源抗体的水平而制定。本病流行的地区可在4日龄前首次免疫，H120＋肾型传染性支气管炎灭活疫苗肌注，或者用H120饮水、点眼、滴鼻免疫；3周龄再用H120饮水、点眼、滴鼻一次，16～17周龄再用H52＋肾型传染性支气管炎灭活疫苗肌内注射。

3.6 传染性喉气管炎

3.6.1 概述

传染性喉气管炎是鸡的一种病毒性呼吸道传染病，可引起死亡和产蛋下降而造成严重的经济损失。在养鸡业发达的地区，温和型感染逐渐增多，表现为黏液性气管炎、窦炎、结膜炎、消瘦和低死亡率。本病首次报道于1925年，1931年美国兽医协会禽病专门委员会采纳了传染性喉气管炎这一病名。对于集约化饲养的肉鸡，由于生长周期短不必预防接种该病的疫苗。在发达国家，喉气管炎主要流行于庭院鸡群中。

3.6.2 流行病学

本病有明显的宿主特异性，鸡为主要的自然宿主。野鸡、鹌鹑、孔雀和幼龄火鸡也可感染，其它禽类和哺乳类动物不感染。4 ～ 10月龄的成年鸡感染该病时多出现特征症状。带毒的康复鸡和强毒免疫鸡是本病

的主要传染源，通过呼吸道分泌物排出病毒，排毒的持续期很长，主要以飞沫的形式通过呼吸道传染，也可经口途径感染鼻上皮细胞而传染，还可经人、野鸟、鼠类、犬以及病毒污染用具的机械携带传染。鸡的易感性与性别、年龄、品种无关，一般多发生于成年鸡，呈散发。本病严重流行时能够引起90%～100%的发病率，死亡率5%～70%不等，平均为10%～20%。由于病毒对高温的抵抗力弱，因此夏季发病少，秋、冬及早春季节发病多。

3.6.3　临床表现

本病的临床表现有两种形式，一为急性型，二为温和型。

3.6.3.1　急性型

急性型又称为喉气管型，主要发生于成年鸡，传播迅速，短期内全群感染。病鸡精神沉郁，羽毛松乱，鸡冠发绀，食欲减少或废绝，有时排绿色粪便。患鸡初期流出浆液性或黏液性泡沫状鼻液，眼流泪。随后表现为特征性的呼吸道症状，呼吸时发出啰音和喘鸣声，咳嗽。病鸡蹲伏，每次吸气时头和颈部向前向上，

视频3-4

［扫码观看：传染性喉气管炎（江斌 供）］

张口尽力吸气（视频3-4）。严重病例高度呼吸困难、痉挛、咳嗽、咳出带血黏液，污染喙角、颜面及头部羽毛，打开鸡口腔，将其喉头用手向上顶，可见喉头周围有泡沫状液体，喉头出血，喉头被血液或纤维蛋白凝块堵塞。病程一般为10～14天，康复后的鸡可能成为带毒者，产蛋鸡的产蛋量下降10%左右。

3.6.3.2 温和型

温和型又称为眼结膜型，主要发生于30～40日龄的鸡。病初眼角积聚泡沫性分泌物，流泪，眼结膜炎，不断用爪抓眼，眼睛轻度充血，眼睑肿胀、粘连，严重的失明。患病后期角膜混浊、溃疡，鼻腔有分泌物。病鸡偶见呼吸困难，表现消瘦，生长迟缓，死亡率为5%左右。

3.6.4 剖检变化

急性型的剖检病变主要在呼吸器官、喉头和气管有

特征性变化。喉头和气管黏膜肿胀、充血、出血，甚至坏死；气管内有血凝块、黏液（图3-35），淡黄色干酪样渗出物；有时喉头和气管完全被黄色干酪样渗出物堵塞（图3-36），干酪样物易剥离。鼻腔有黏液状半透明鼻汁，有时混有血液，如波及眶下窦时，窦中可充满白色干酪物。产蛋鸡的卵巢有时可出现软卵泡、出血卵泡等。温和型的剖检变化为眼结膜炎和眶下窦上皮水肿、充血。

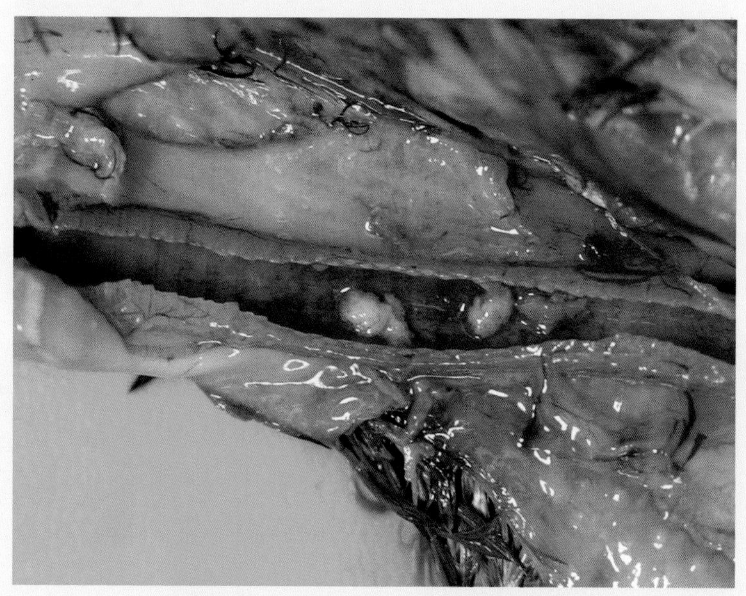

图3-35　气管内有黏液（程龙飞 供图）

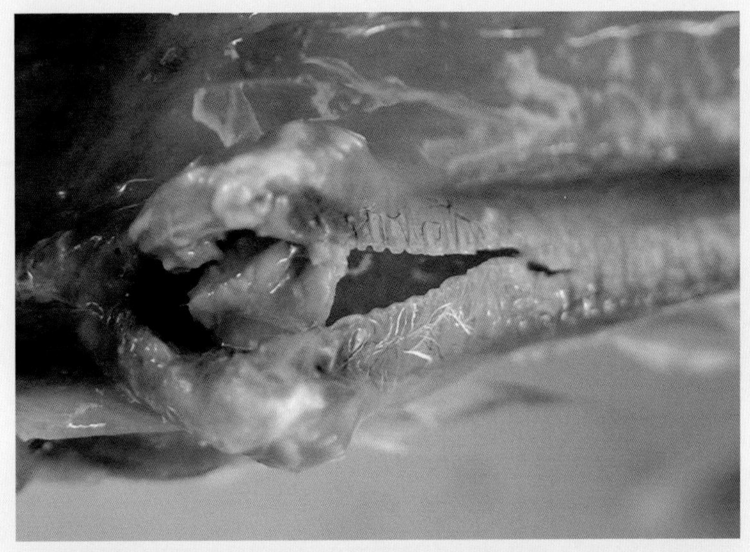

图3-36　喉头和气管被黄色干酪样渗出物堵塞（程龙飞 供图）

3.6.5　诊断

根据本病发病突然、传播快速、发病率高、成年鸡多发，以呼吸道症状特别是咳出混血的痰液和呈现出血性气管炎为主等特点，可以对急性型喉气管炎进行初步诊断。温和型喉气管炎单凭临床表现和剖检特点不易诊断。确诊需结合实验室对病原学或血清学检查的结果，综合判定。与其他的呼吸道疾病比较，传染性支气管炎、传染性鼻炎和败血支原体病的呼吸道症

状不如传染性喉气管炎严重，呼吸道黏膜上见不到严重的出血性变化。非典型新城疫的呼吸道症状、气管黏膜出血等与该病相似，但不同的是，其病变不仅局限于呼吸道，常波及其他器官和组织，如盲肠扁桃体、肠道的淋巴结及泄殖腔黏膜等。白喉型鸡痘，喉头的干酪样渗出物堵塞与该病相似，但没有气管的病变。

3.6.6　防治

由于野毒株感染或接种疫苗造成某些鸡成为隐性带毒者，因此，最主要的是避免接种疫苗鸡或康复鸡与易感鸡混养。执行完善的生物安全措施可以避免易感鸡与受病毒污染的设备、工作人员、饲料、鼠类和猫狗等接触，有效地预防该病的发生。传染性喉气管炎病毒对外界的抵抗力不强，很容易被消毒剂、紫外线和高温等灭活，因此，鸡舍内在两批鸡间进行彻底的清扫能够有效地预防该病。

疫苗接种是促使易感鸡群产生抵抗力的良好方法，但由于接种疫苗能使鸡带毒，因此建议仅在该病流行地方应用。目前使用的活疫苗多为通过鸡肾脏或鸭肾脏细胞继代致弱病毒所制成的疫苗，接种方法主要为滴鼻或点眼。疫苗接种后可引起少数鸡出现轻微的呼

吸道反应，如结膜潮红、流泪或轻微的呼吸道症状，在1～2天内即可消失。

治疗时没有特效的药物，可以在饲料中添加多种维生素、抗病毒药物、肾肿解毒药及抗生素等，缓解其症状，促进恢复。

3.7 白血病

3.7.1 概述

鸡白血病是由禽白血病/肉瘤病病毒群的多种病毒引起的一群良性和恶性肿瘤性疾病的总称。带毒的种鸡可以将病原经种蛋传播给下一代，造成商品鸡感染并发病，带来严重的经济损失，更给种禽企业带来巨大的负面影响，养殖户和小型养殖场对种禽企业的投诉事件屡有发生。禽白血病病毒于1908年首次报道并在世界上许多国家发生和流行，我国也有流行，最初是由经典的A、B、C、D亚群的病毒引起。J亚群禽白血病病毒于1991年被发现并流行，随引种传入我国，先在我国的白羽肉鸡中流行，而后在我国的地方品系

三黄鸡和蛋用型鸡中流行。近些年以J亚群的致病性和传染性最强，危害最严重。禽白血病病毒类似于人的艾滋病病毒，但不感染人。

3.7.2 流行病学

不同品种或品系的鸡对该病的易感性差异较大，母鸡比公鸡的易感性高。本病的传染源是病禽和隐性感染禽，经种蛋以垂直传播的方式将病毒传播给下一代，雏鸡之间通过直接接触发生水平传播，以带毒胚制备的活疫苗可能带有白血病病毒，接种雏鸡后使其感染并发病。1周龄内的鸡感染后，发病率和死亡率相对较高，但都不超过10%，多数呈亚临床感染；4周龄以上的鸡感染后多呈亚临床感染，发病率和死亡率非常低。该病的潜伏期长，14周龄以上才开始发病，18周龄以上的多见。

3.7.3 临床表现

鸡白血病多数没有特征性的临床表现，主要表现为生长迟缓和产蛋下降，病重鸡冠和髯苍白，食欲不振，渐进性消瘦，腹部膨大。血管瘤可在体表特别是脚部

和翅部见到，呈纽扣样黑红色结节（图3-37），一旦破溃则流血不止（图3-38）。

图3-37　鸡爪上的纽扣样黑色血管瘤（黄瑜 供图）

图3-38　血管瘤破溃后流血（黄瑜 供图）

3.7.4　剖检变化

肿瘤是该病的剖检特点，可见于肝脏（图3-39）、脾脏（图3-40）、肾脏（图3-41）、心脏、卵巢和法氏囊等多种脏器。有的肿瘤呈结节样，边缘清晰，呈灰白色或灰黄色，从针头大小直至鸡蛋大小；有的肿瘤弥漫生长，与组织的界限不清，被侵害的脏器肿大至正常的2～10倍（图3-40），边缘钝圆，色淡。

图3-39　肝脏肿瘤（程龙飞 供图）

图3-40　脾脏肿瘤，脾脏肿大至正常的5倍以上（程龙飞 供图）

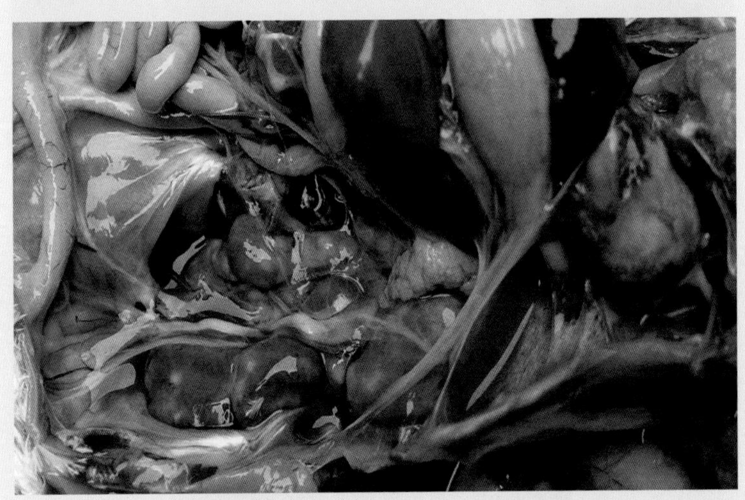

图3-41　肾脏肿瘤（程龙飞 供图）

3.7.5 诊断

根据发病日龄和肿瘤样病变可做出初步的诊断，确诊还需结合琼脂扩散试验、补体结合试验、肿瘤的病理切片等实验室手段。临床上，肿瘤样病变还见于网状内皮增生病和内脏型马立克氏病，马立克氏病的发病日龄相对小、发病率相对高，三者之间不易鉴别。确诊需通过病理组织学来进行。

3.7.6 防治

本病目前尚无有效的疫苗和治疗药物，患病鸡只能淘汰。通过早期诊断，发现并及时淘汰阳性鸡，建立无白血病的种鸡群，这才是预防本病最好的措施。

3.8 禽坦布苏病毒病

3.8.1 概述

禽坦布苏病毒病是2010年春在我国河北、江苏和福建等地的蛋鸡、种鸡、蛋鸭、种鸭中出现的一种以产蛋骤然下降，甚至停产为主要临床特征的疾病，病禽还伴有发热、食欲减退等症状。随后该病逐步蔓延到我国东南沿海大部分省份及地区，给养禽业造成巨大经济损失。2012年和2013年，马来西亚和泰国也相继报道了本病的暴发，是危害养禽业的又一新发疫病。

3.8.2 流行病学

已报道从麻鸭、北京鸭、樱桃谷鸭、番鸭、半番鸭、鹅及鸡中分离到病毒，并在实验条件下成功复制出该病。从发病鸭场附近的麻雀和死亡鸽体内也分离到病毒，表明野鸟和其他禽类亦可能被感染，或者携带病毒成为坦布苏病毒的传染源。鸭和鹅对该病毒高度易感，鸡次之。该病的传播方式有水平传播和垂直传播两种。直接接触可传染本病，被污染的种蛋、运输工具、饲料、饮水和流动人员均可成为重要的传播载体。实验已证实，该病毒可经蚊虫叮咬传播。种禽在感染期间所产的种蛋极易被病毒污染，造成病毒的垂直传播。

3.8.3 临床表现

该病主要在产蛋鸡群中发生，发病初期，鸡群采食

量下降，产蛋量急剧下降，可降至25%～30%，严重者停止产蛋。随着疾病的发展，病鸡发热、精神沉郁，趴卧或不愿行走，死亡率低，一般在5%以下。治疗后，产蛋可在2个月之内逐渐恢复。

3.8.4 剖检变化

主要病变见于卵巢，主要表现为卵巢不同程度的充血、出血、变性、坏死、破裂和萎缩等（图3-42、图3-43）。肝脏表面散在灰白色的坏死点或坏死结节，脾脏肿大（图3-44）、严重者破裂，胰腺有出血点，脑部充血。

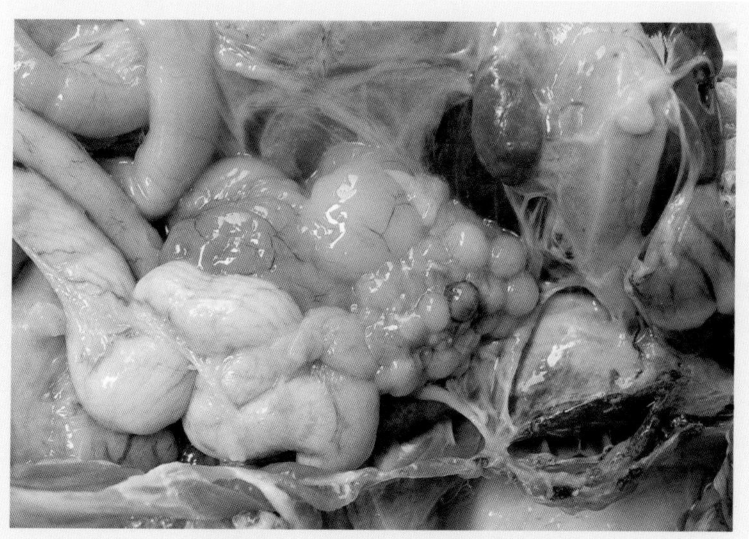

图3-42 卵巢出血（黄瑜 供图）

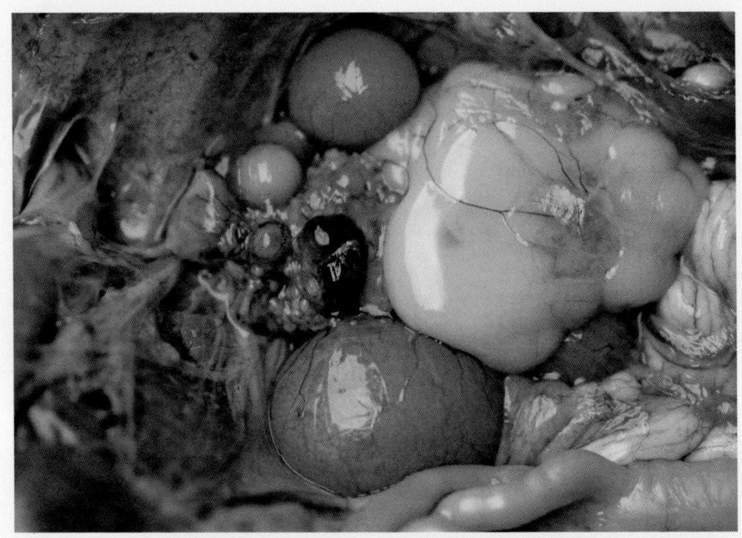

图3-43 卵巢出血、坏死（黄瑜 供图）

图3-44 脾脏肿大（黄瑜 供图）

3.8.5　诊断

根据产蛋量的急剧下降、少量的发病死亡鸡、卵巢的出血或坏死等特征，可做出初步的诊断。实验室的诊断，包括病毒分离、免疫学检测方法和分子生物学鉴定方法。临床上应注意与禽流感、新城疫及减蛋综合征等相区别。禽坦布苏病毒病发病鸡群的临床表现仅为食欲不振、精神沉郁，死亡率一般低于5%，发病的表现比禽流感和新城疫缓和，比减蛋综合征严重。

3.8.6　防治

严格的生物安全措施是预防该病传入的必要手段，应严格控制人员和物体的流动，杜绝与发病鸡场和鸭场来往，包括种蛋的交流。孵化场应停止使用来源不清楚的种蛋，对种蛋及包装运输工具，特别是运输工具执行严格的消毒措施。在开产前2～3周免疫接种灭活油佐剂疫苗，可有效地预防该病。

目前尚无有效的治疗方法。针对发病鸡群可采取适当的支持性治疗，在饮水中添加一定量高品质复合维生素添加剂，并通过饮水适当给予一定量的抗生素，防治细菌继发感染。

3.9 鸡痘

3.9.1 概述

鸡痘是由禽痘病毒引起的鸡的一种缓慢扩散的接触性传染病。该病毒对外界环境因素的抵抗力强，存在于干燥痂皮中的病毒能存活数月甚至数年。该病在商品家禽中呈世界范围分布。在养殖密集的地区，不同年龄的禽类混养，即使进行了预防性免疫接种，该病也可能长时间存在。该病没有公共卫生学意义。

3.9.2 流行病学

鸡痘主要发生于鸡，其次为火鸡、鸽子。不同品种、不同日龄和不同性别的鸡均易感，幼龄鸡感染后的死亡率比成年鸡高。病鸡为主要的传染源，病愈后脱落的痂皮中含有大量的病毒且能在环境中长时间保存感染力，吸了病鸡血的蚊子可带毒长达30天。该病常通过与病鸡、脱落的痂皮等直接接触经黏膜或受损的皮肤感染，蚊子及其它体表寄生虫如虱类、螨类的叮咬

均可传播本病。本病多发生于夏季。鸡痘的发病率因感染的病毒毒力不同有很大的差异，轻者只有少数感染，重者全群感染。病死率一般较低，严重时可达50%。

3.9.3　临床表现和剖检变化

根据发病的部位不同，将其病变类型分为三种，即皮肤型、黏膜型和混合型。

3.9.3.1　皮肤型

在冠、肉髯、眼睑、喙角等身体无毛的部位或两翅内侧、胸腹部、泄殖腔周围等少毛部位，初期可见灰白水疱样的小结节（痘），随着病程的发展，结节肿大呈黄色或褐色，有的小结节融合形成大结节（图3-45、图3-46），结节呈湿润样的圆形或不规则形，逐渐干燥、结痂、脱落，形成灰白色的疤痕。病鸡常用嘴去啄痘或用爪子挠痘引起出血，如果感染细菌，则形成化脓性病灶（图3-47）。在不同部位或同一病变部位可见处于不同发展时期的痘（视频3-5）。痘附近的组织易形成炎症，如鼻窦炎、结

视频3-5

［扫码观看：鸡痘（程龙飞　供）］

膜炎等。发病鸡体温略升高，精神不振，常蹲伏于鸡舍角落，逐渐消瘦；蛋鸡的产蛋率下降，病程持续一个月左右，大部分可自愈；幼龄鸡死亡率高。内脏常无明显病变。

图3-45　鸡冠和眼附近的痘（程龙飞 供图）

图3-46　脚上的痘（程龙飞 供图）

图3-47　眼部痘的化脓性变化（程龙飞 供图）

3.9.3.2　黏膜型

黏膜型又称白喉型，病初在口腔（图3-48）和咽喉部黏膜（视频3-6）等处可见黄白色小结节，后小结节相互融合形成黄白色假膜，撕开假膜可见到溃烂。随着病程的发展，假膜扩大和增厚，引起摄食困难、吞咽困难或呼吸困难甚至窒息而死。蛋鸡产蛋率下降，内脏一般无病变，偶见肺轻微瘀血。

视频3-6

［扫码观看：黏膜型鸡痘（程龙飞　供）］

图3-48 口腔内的黄白色痘结节（程龙飞 供图）

3.9.3.3 混合型

混合型是指同一只鸡同时表现皮肤型和黏膜型的病例，或一个鸡群中既有皮肤型也有黏膜型病例。

3.9.4 诊断

根据特征性的痘、病程长、死亡率相对较低等特点，一般较易做出正确的诊断。实验室的诊断方法有病毒的分离培养鉴定、血清的琼脂扩散试验等。

3.9.5　防治

预防最可行的方法是接种疫苗。根据当地的常发季节，提前半个月或一个月进行疫苗接种。经常发病的地区，所有批次的鸡均应进行免疫。选择鸡痘鹌鹑化活疫苗等，采用刺种的方式接种于翅膀内侧皮下，免疫后4天左右检查接种部位，如果出现轻微的痘疹则判定为免疫成功，否则须再接种一次。

治疗时没有特效的药物。可以选择应用抗病毒药物，也可添加抗生素控制继发感染，添加维生素A促进伤口的恢复。病情严重的可以紧急接种疫苗。有经济价值的鸡，可人工将痘痂剥离，涂抹蓝色消毒药水（忌用红色消毒药水，否则别的鸡会攻击它），或清洗眼睛，或将口腔和咽喉部黏膜处的假膜用镊子取出，促进病鸡的康复。

3.10　减蛋综合征

3.10.1　概述

本病是由产蛋下降综合征病毒引起产蛋高峰鸡发

生的一种传染病，主要表现鸡群产蛋突然下降，出现软壳蛋和畸形蛋，褐色壳蛋的蛋壳颜色变淡，严重影响蛋鸡业的发展。本病于1976年首次报道发生于荷兰，随后在世界各国流行，我国于1992年证实有本病存在。产蛋下降综合征病毒属腺病毒，能凝集鸡、火鸡、鸭、鹅和鸽等禽类的红细胞，对外界的抵抗力较强。

3.10.2 流行病学

不同品种的鸡易感性不同，产褐色壳蛋的母鸡比白色壳蛋的母鸡易感。各日龄的鸡均可感染，鸡感染病毒后在性成熟之前不发病，当进入产蛋初期或高峰期（26～32周龄）时，在应激因素的作用下，病毒活化引起发病。病毒的自然宿主是鸭或野鸭，病毒存在于病鸡的输卵管、咽喉部、粪便和蛋内。通过种蛋传染给下代雏鸡是主要的传播方式，从病鸡分泌物和粪便中排出的病毒污染饲料、饮水，经消化道传染，也是一种传播方式，但传播较缓慢。本病没有季节性特征。

3.10.3 临床表现

发病母鸡在产蛋高峰期前后（26～32周）出现产

蛋突然下降，下降幅度为20%～50%，甚至更高；同时出现软壳蛋、薄壳蛋（图3-49）、粗壳蛋（图3-50）、无壳蛋、畸形蛋（图3-51）等劣质蛋，褐色壳蛋的蛋壳颜色变淡，病程持续6～10周。有的感染鸡群出现产蛋期推迟，产蛋率上升缓慢，不能达到产蛋高峰期等特点。发病鸡群的精神、食欲、粪便等均正常，无死亡现象。如果是种鸡，种蛋的孵化率下降，弱雏率增加。

图3-49　薄壳蛋，易碎（刘荣昌 供图）

图3-50 蛋壳的表面粗糙（程龙飞 供图）

图3-51 畸形蛋（程龙飞 供图）

3.10.4　剖检变化

本病无明显病变，偶尔发现卵巢变小、萎缩、子宫和输卵管黏膜出血和卡他性炎症、输卵管腺体水肿等，这些变化没有诊断意义。

3.10.5　诊断

根据产蛋高峰期时产蛋率下降、蛋品质量下降、鸡群无任何外观的异常、无死亡等，比较容易做出初步诊断。确诊须进行病毒的分离鉴定，结合血清学等实验室手段。应注意与维生素或微量元素缺乏引起的产蛋下降相区别。二者均没有鸡群生病的外观表现，改善饲料可在短时间内恢复由维生素或微量元素缺乏引起的产蛋下降，对减蛋综合征引起的产蛋下降则无效。

3.10.6　防治

本病无特异性治疗方法。预防接种是防制本病的根本措施，可选择减蛋综合征灭活油乳剂疫苗，于70日龄左右第一次免疫，开产前半个月左右加强免疫。平时加强饲养管理和兽医卫生，减少应激因素。引进种鸡要严格隔离饲养，产蛋后进行监测，确认抗体阴性者，才能留作种用。

3.11 安卡拉病毒病

3.11.1 概述

鸡安卡拉病毒病是由禽腺病毒4型引起的，以肾炎、包涵体肝炎、心包积液等为特征的一种传染病。该病最早于1987年发生于巴基斯坦卡拉奇的安卡拉地区，发展迅速，席卷了整个巴基斯坦，造成严重的经济损失，引起人们的重视，故以地名命名病毒和病名。此后，该病在全球时有发生。2012年以前，本病在我国呈地方性散发流行，危害不大，但之后呈现大面积流行，且毒力和传染性有所增强，全国各地均有报道，应引起重视。

3.11.2 流行病学

多发于肉鸡、麻鸡，也可见于肉种鸡和蛋鸡。2

月龄以下的鸡对本病较易感，40日龄左右的发病率最高。病鸡和隐性感染鸡是主要的传染源，可间歇性地向外界排出病毒。本病可经精液、种蛋垂直传播，也可经粪便、气管、鼻黏膜的分泌物等水平传播。本病的传染性强，发病鸡群前期没有预兆，多突然死亡。最初2～3天死亡率极低，随后死亡率上升，发病5～7天后是死亡高峰，死亡高峰期可持续一周左右，然后开始减少，整个病程持续10～14天，死亡率为20%～80%。本病四季可见，以夏末秋初居多。

3.11.3 临床表现

发病鸡群前期没有预兆，多突然死亡，以鸡群中营养状况良好的鸡先发病。病鸡翅膀下垂，羽毛蓬松，冠和肉髯发白，呼吸困难，排黄绿色稀粪。临死前扑腾、挣扎，出现角弓反张等神经症状。

3.11.4 剖检变化

主要病变部位在心脏、肝脏、肺脏和肾脏。心肌略肿大，心包积液，心包内有数量不等的淡黄色透明液体（图3-52、视频3-7）。肝脏肿大，充血，质脆，整

视频3-7

［扫码观看：安卡拉病毒病］

体色暗或变淡，有数量不等的灰白色坏死点或（和）红色出血点。肺脏瘀血、水肿，气囊呈云雾状混浊，气管内有大量黏性分泌物。肾脏肿大苍白，有条状出血或白色尿酸盐沉积。胸腺和法氏囊有时萎缩。

图3-52　心包内积有淡黄色透明液体（程龙飞 供图）

3.11.5 诊断

根据临床发病特点及心包积液、肝脏肿大出血、肺脏水肿、肾脏肿大出血等剖检特点，可做出初步诊断。确诊应借助病毒的分离、PCR鉴定等实验室手段。

3.11.6 防治

本病无特效药物，在发病初期应用保肝护肾的中药，可不同程度地降低死亡率。有条件的可以在发病初期注射特异性卵黄抗体，一般注射后48小时左右即可停止死亡。预防采用免疫接种，本病尚无商品化疫苗，可用自家场里分离的病毒制备。

3.12 滑液支原体病

3.12.1 概述

鸡滑液支原体病是由鸡滑液支原体引起鸡和火鸡出现软脚、消瘦和龙骨囊肿的一种慢性传染病，以病鸡出现关节肿大、渗出性滑膜炎、腱鞘炎及黏液囊炎为特征。该病的病死率虽然不高，但感染后导致明显的跛行、生长发育迟缓、生产性能下降和胴体质量下降，可侵害商品肉鸡、蛋鸡和种鸡，造成巨大的经济损失，对我国蛋鸡和肉鸡养殖危害很大。

3.12.2 流行病学

本病主要感染鸡，外来品种或品系的鸡发病率高于本地品种，各种日龄均易感，雏鸡的易感性比成年鸡高，随着日龄的增大，鸡对该病的抵抗力也逐渐增强。病鸡和隐性感染鸡是主要的传染源，可以直接接触经呼吸道传播，也可经蛋传播给下一代。发病多见于4～16周龄鸡，慢性感染病例可见于任何日龄。本病一年四季均有发生，以冬春季节多见。

3.12.3 临床表现

临床表现以传染性滑膜炎症状为主。呼吸道症状较轻，仅出现轻度的呼吸道啰音。病鸡表现软脚，跛行（图3-53），关节和爪垫肿胀（图3-54、视频3-8），常伴龙骨囊肿（视频3-8），同时还表现生长缓慢，消瘦

视频3-8

［扫码观看：滑液支原体病（一）］

视频3-9

［扫码观看：滑液支原体病（二）］

（视频3-9），羽毛松乱，鸡冠发育不良。常排出带尿酸盐的黄绿色粪便。病鸡最终因消瘦衰竭而死亡。发病率10%～50%，死亡率1%～10%，与鸡败血支原体病相比，死亡率相对较低些。但鸡群一旦被感染就不易清除，且随着天气转变或饲养管理改变而反复发作。

图3-53　软脚，跛行（江斌 供图）

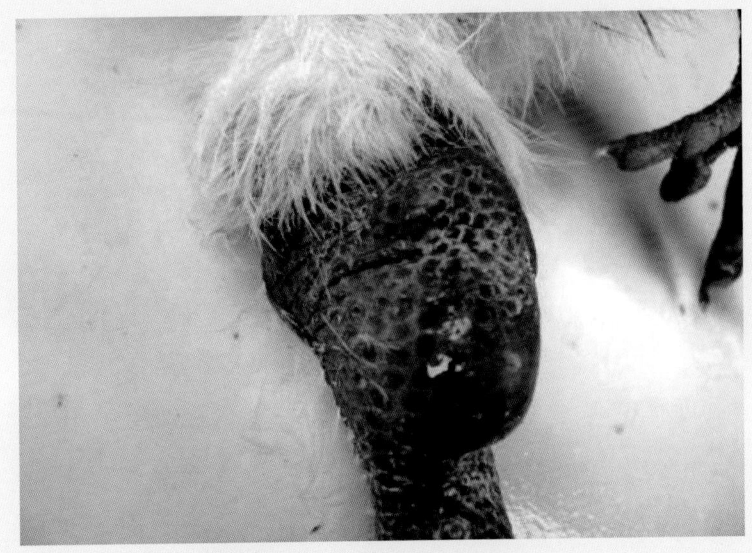

图3-54 关节肿大（江斌 供图）

3.12.4 剖检变化

主要表现龙骨滑膜囊内的渗出和关节内的渗出等病变，初期渗出物较清亮，随后黏稠，可能带血，进一步发展为干酪样。严重病例在腱鞘内、肌肉内、气囊上均可见到干酪样渗出。肾脏肿大且有大量尿酸盐沉积并呈斑驳状。有呼吸道症状的病鸡还可见气囊混浊病理变化。龙骨滑膜囊积有渗出物（图3-55）、黏稠渗出物（图3-56）、干酪样渗出物（图3-57、视频3-10）。跗关节积有黏稠带血的渗出物（图3-58）。膝关节肿胀

视频3-10

［扫码观看：滑液支原体病（三）（程龙飞　供）］

视频3-11

［扫码观看：滑液支原体病（四）（程龙飞　供）］

视频3-12

［扫码观看：滑液支原体病（五）（程龙飞　供）］

（视频3-11），内有干酪样渗出物或干酪样带血渗出物（图3-59、视频3-12）。

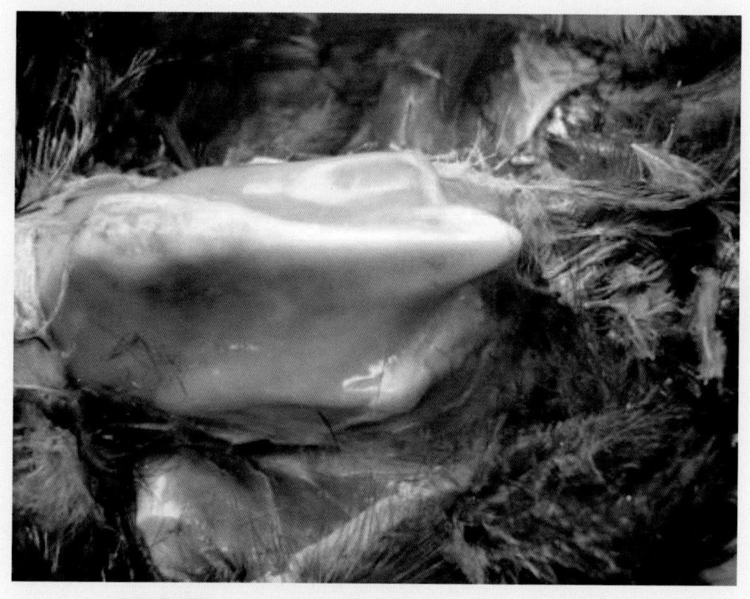

图3-55　龙骨滑膜囊积有渗出物（江斌 供图）

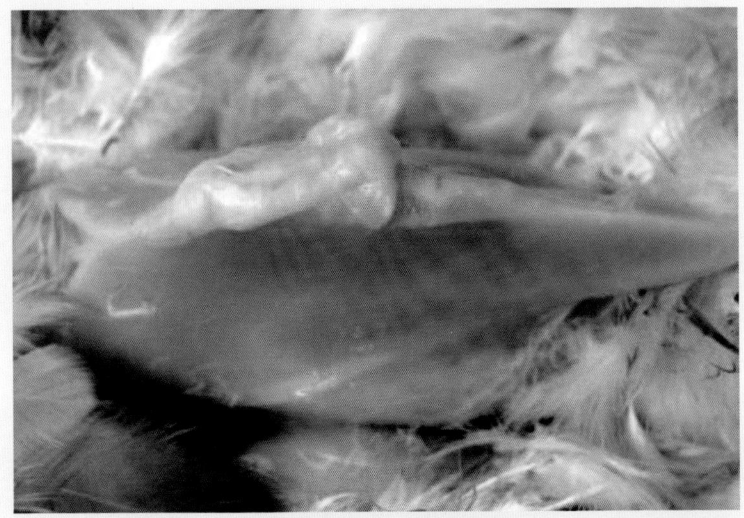

图3-56　龙骨滑膜囊积有黏稠渗出物（江斌 供图）

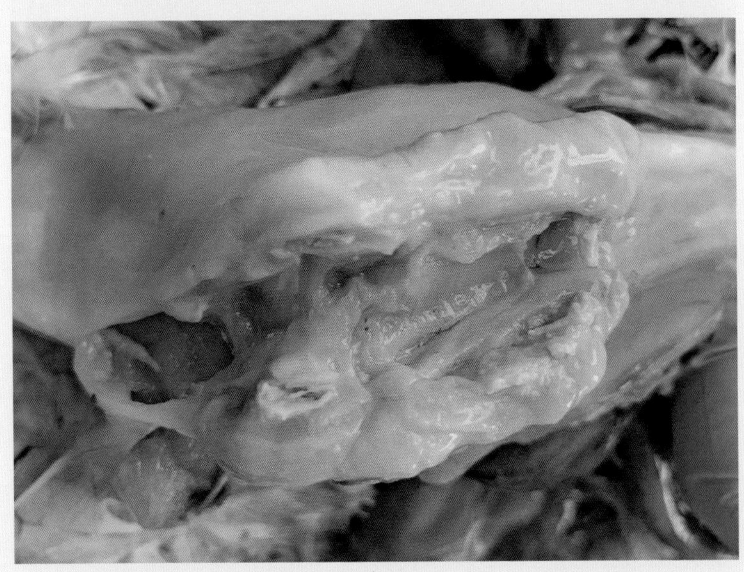

图3-57　龙骨滑膜囊积有干酪样渗出物（程龙飞 供图）

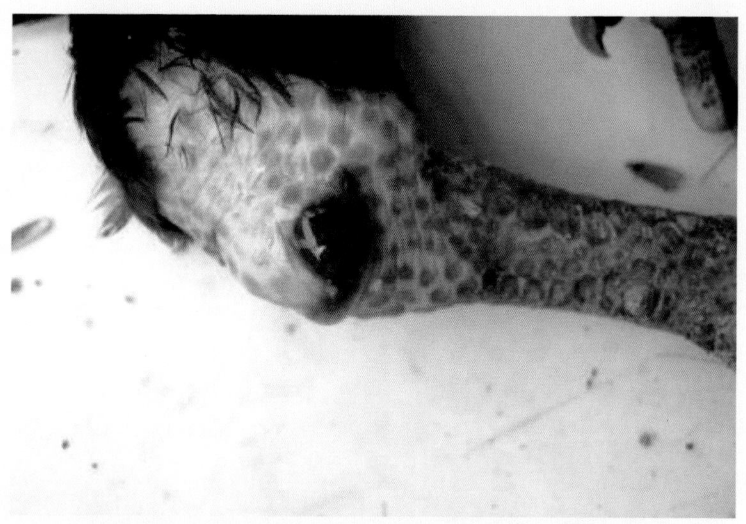

图3-58　跗关节积有黏稠带血的渗出物（江斌 供图）

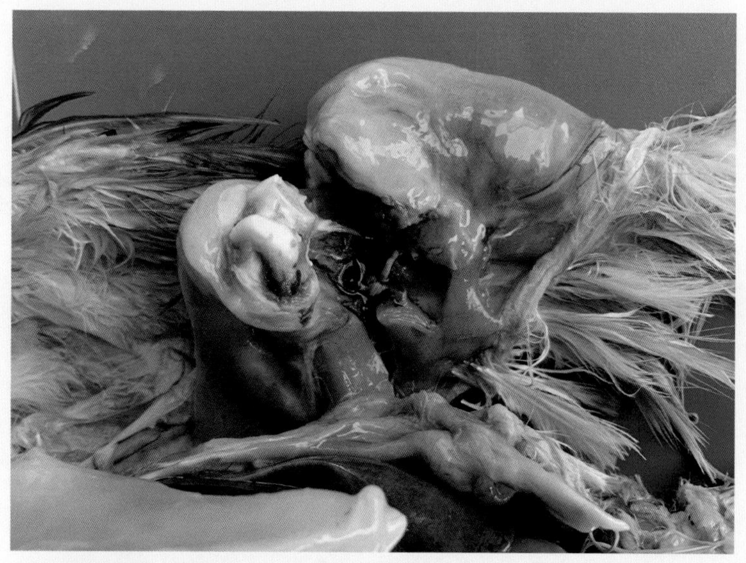

图3-59　膝关节内有干酪样带血的渗出物（程龙飞 供图）

3.12.5 诊断

根据临床表现和剖检病变可以做出初步的诊断。实验室的诊断是非常必要的，可为该病的监测、无滑液支原体感染鸡群的建立提供可靠的证据。实验室诊断的方法通常包括病原的培养和鉴定，平板凝集试验、血凝抑制试验、酶联免疫吸附试验等血清学试验及聚合酶链式反应试验等。

3.12.6 防治

抗生素治疗不能根除鸡群中的滑液支原体感染，但可以有效地减轻其造成的危害，应用药物预防可起到较好作用。可于8～70日龄期间，添加酒石酸泰乐菌素或磷酸替米考星或延胡索酸泰妙菌素等药物，每个疗程持续5～7天，间隔15～20天，重复使用3个疗程。应避免长期使用某种抗生素引起支原体的耐药性及药物的残留。疫苗接种也可有效地预防本病。选择滑液支原体灭活疫苗对种鸡和15日龄雏鸡进行免疫接种，或选择滑液支原体活疫苗对5日龄雏鸡进行免疫接种。对种鸡场来说，净化很关键，定期测定每只鸡的滑液支原体抗体，淘汰抗体阳性鸡，培育无支原体感

染的种鸡群。

发病鸡群选用酒石酸泰乐菌素、磷酸替米考星、延胡索酸泰妙菌素、吉他霉素、红霉素等进行治疗，此外土霉素、多西环素、盐酸林可霉素、盐酸大观霉素等对本病也有较好的治疗效果。本病不易根治，易复发，用药要持续3～4个疗程。另外，对发病鸡或鸡群可肌注青霉素钠和硫酸链霉素或盐酸林可霉素-盐酸大观霉素进行治疗，每日1次，连用2天，具有较好的治疗效果。

3.13 败血支原体病

3.13.1 概述

鸡败血支原体病是由鸡败血支原体引起鸡出现以慢性呼吸道感染为主要特征的传染病。该病分布广，几乎所有鸡群都不同程度地存在，虽然不会造成严重的死亡率，但会影响鸡群的正常生长发育，导致生产能力下降、饲料利用率降低，后期易继发其它细菌病，损害养殖者的经济效益。

3.13.2 流行病学

不同日龄鸡和火鸡均能感染本病，但以1～2月龄鸡多见，成年鸡多数呈隐性经过和散发。病鸡和带菌鸡是本病的传染源，经种蛋进行垂直传播是主要的方式，此外也可通过咳嗽、喷嚏、飞沫和尘埃等经呼吸道传播或通过污染的饲料、饮水经消化道传播，交配也能传播该病。本病一年四季均可发生，但以寒冷潮湿、气候多变时易发。环境卫生不良、饲养密度过大、通风不好、饲料中缺乏维生素A、长途运输、疫苗免疫等均可诱发本病。

3.13.3 临床表现

病鸡流浆液性鼻液、打喷嚏、呼吸困难、顽固性咳嗽，并有气管啰音。吃料略减少，生长速度减慢，逐渐消瘦。个别严重的病鸡可见鼻腔和眶下窦肿胀，眼球突出甚至失明（图3-60），排黄绿色稀粪。发病率高，但死亡率随着饲养管理条件以及继发疾病不同而异，一般为5%～30%。成年蛋鸡还表现产蛋率下降，种鸡还表现孵化率下降、弱雏增加。本病多呈慢性经过，病程可持续1个月以上，且随着天气变化而反复发作。

图3-60　眼睛失明（江斌 供图）

3.13.4　剖检变化

早期可见气管内积有黏液，气囊壁增厚、混浊（图3-61），并有干酪样渗出物。严重病例可见鼻腔、眶下窦内蓄积大量的黏液性或干酪样物，并压迫眼球造成失明。肝脏肿大、表面有一层黄白色假膜，心包膜增厚并呈乳白色。到后期本病常与大肠杆菌病混合感染。临床上常见到明显的心包炎、肝周炎、气囊炎病理变化（图3-62），肺部呈暗红色，肠道有明显的肠炎症病变（肿大）。

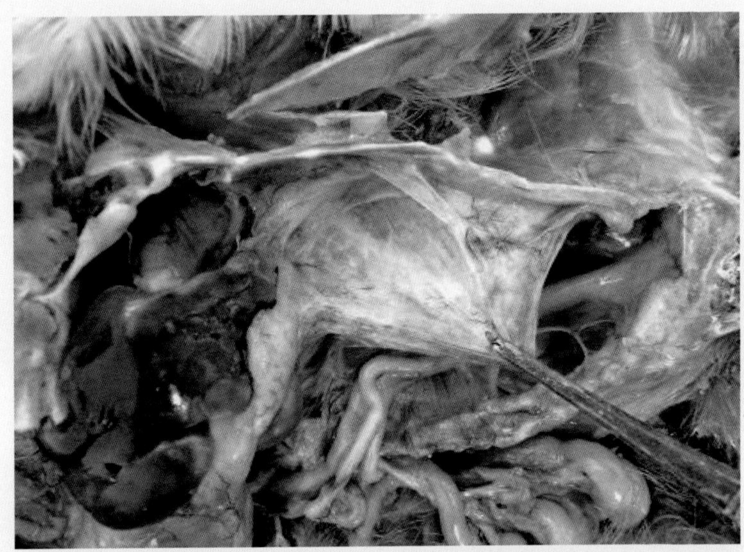

图3-61 气囊壁增厚、混浊（江斌 供图）

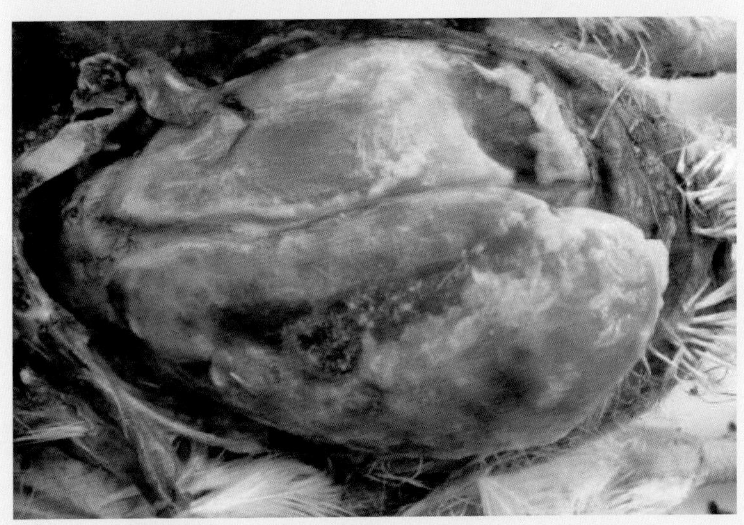

图3-62 心包炎，肝周炎，气囊炎（江斌 供图）

3.13.5 诊断

根据本病的流行特点、临床表现及病理变化可做出初步诊断。确诊需进行支原体的培养鉴定或采集病料进行聚合酶链式反应试验。血液的平板凝集反应是血清学检测的一个重要方法，对种鸡场进行支原体净化有重要意义。本病在临床上要与鸡传染性支气管炎、鸡传染性喉气管炎、鸡传染性鼻炎、鸡H9亚型禽流感以及单纯性大肠杆菌病等疾病进行鉴别诊断。

3.13.6 防治

加强饲养管理，坚持“全进全出”管理制度，定期消毒，降低饲养密度，注意通风，防止饲养环境的过热或过冷等，能有效降低该病的发病严重程度，减少其引起的损失。疫苗是预防该病的重要措施，目前鸡支原体疫苗有活疫苗和灭活疫苗两种。活疫苗主要用于5日龄内雏鸡接种，但由于所有的抗生素对鸡支原体活疫苗均有杀灭作用，会影响免疫效果，所以目前活疫苗使用范围不广。灭活疫苗对鸡有一定的免疫作用，目前只有在种鸡群使用。药物也有一定的预防作用，应安排在早期进行，如8 ～ 70日龄育雏期间安排3个

疗程的预防性用药，具体用药以大环内酯类药物为主（如酒石酸泰乐菌素、磷酸替米考星等）以及延胡索酸泰妙菌素等药物。对种鸡场来说，净化很关键，定期检测每只鸡的特异性抗体，淘汰抗体阳性鸡，培育无支原体感染的种鸡群。

发病鸡群可选择使用药物进行治疗，如红霉素、酒石酸泰乐菌素、延胡索酸泰妙菌素、吉他霉素、磷酸替米考星等。此外土霉素、多西环素、盐酸大观霉素等对本病也有一定效果。对于有明显大肠杆菌并发感染的病例要结合使用氟苯尼考或硫酸安普霉素进行治疗。对于严重的病例（如死亡率较高）可在饮水或拌料用药的基础上，再结合肌内注射氟苯尼考或硫酸庆大霉素或盐酸林可霉素-盐酸大观霉素等药物，控制继发感染，降低死亡率。

3.14 曲霉菌病

3.14.1 概述

鸡曲霉菌病是由烟曲霉、黄曲霉和黑曲霉等引起的真菌病，主要侵害呼吸器官，特别是肺脏和气囊，所

以又称为真菌性肺炎、霉菌性肺炎。幼龄鸡感染后多呈急性经过，成年鸡感染后常呈慢性经过。

3.14.2 病因

曲霉菌的孢子广泛存在于自然界中，温度和湿度合适时很容易大量生长。不同品种、不同日龄的鸡均可感染，使用发霉的垫草，饲喂发霉的混合饲料或玉米、鱼粉等是引起曲霉菌病的重要原因，但鸡本身的健康状况对该病的感染、发生、发病的严重程度、预后等至关重要。发病的鸡一般饲养管理条件差，由于饲养密度过大、通风不良、各种应激、疾病引起的免疫抑制等导致鸡的抵抗力差，容易发生该病。通过接触发霉饲料和垫料经呼吸道或消化道感染，幼龄鸡本身的抵抗力差，易感性高，且多表现为急性和群发性，成年鸡则多为散发。发霉的孵化器可能使种蛋污染，曲霉菌的孢子可能穿过蛋壳感染胚蛋引起胚胎死亡、弱雏增加。该病多发生于高温、高湿季节。

3.14.3 临床表现

病鸡无特征性的临床表现，初期精神沉郁，羽毛蓬

松，两翅下垂，随着病情的发展，食欲减少，生长缓慢，逐渐消瘦，后期呼吸困难，有的有气管啰音，鸡冠和肉垂呈暗红色或紫色，常有下痢，有的表现摇头、转圈、后退倒地等共济失调症状。

3.14.4 剖检变化

病变较为特征，主要见于肺脏和气囊。肺脏表面及肺脏组织中可发现数量不等、粟粒大至黄豆大、黄白色或灰白色、质地稍柔软的结节（图3-63），切开结节可发现其内容物呈干酪样，病情相对轻且病程长的，结节因钙化而变硬。结节数量多时，肺脏组织变硬，失去弹性。气囊混浊，可能有渗出物、结节，甚至霉菌斑。除肺和气囊外，类似的结节也可能在气管、支气管、胸腹腔的浆膜面、肝脏、肾脏、心脏、皮下、肌肉、脑等处发现。

3.14.5 诊断

根据特征性的肺部结节、气囊结节或霉菌斑，结合鸡场的不良饲养管理条件、阴暗潮湿的鸡舍、发霉的饲料或发霉的垫料等可做出正确的诊断。

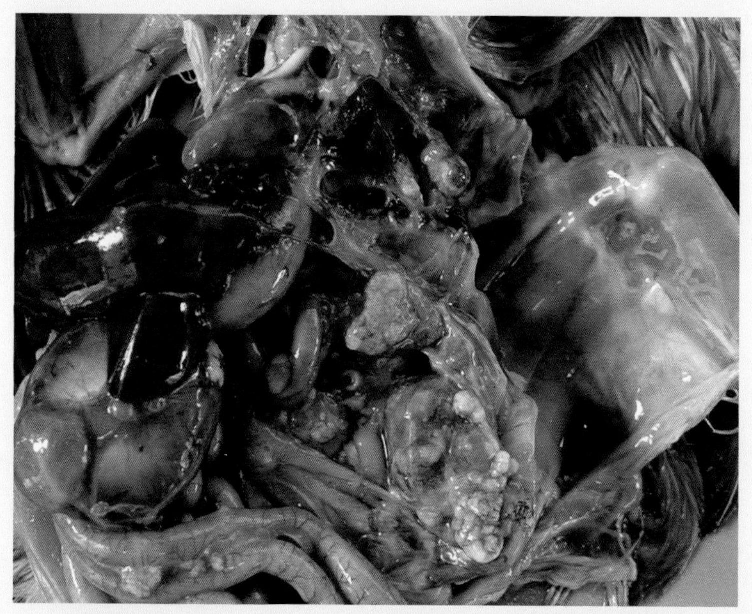

图3-63　肺脏、气囊、腹腔内的霉菌结节（程龙飞 供图）

3.14.6　防治

预防本病的关键是不使用发霉的饲料和垫料，育雏室应注意通风换气和卫生消毒，孵化室及孵化器应严格消毒。发病后应立即查明原因并排除，淘汰病重鸡，全群应用制霉菌素、克霉唑和硫酸铜等药物。

3.15 禽霍乱

3.15.1 概述

禽霍乱是由禽多杀性巴氏杆菌引起的主要侵害鸡、鸭、鹅等各种禽类的一种接触性传染病。本病早在1880年就被发现，现在仍在世界各地流行，成年家禽多见，常急性发作，病程短促，死亡率高。虽然许多抗菌药物能迅速控制本病，但停药后极易复发，造成的损失极大。本病一旦在鸡场流行，不易根除。

3.15.2 流行病学

各种日龄和各品种的鸡均易感染本病，其中以产蛋鸡最易感。病鸡和带菌鸡是主要的传染源，健康鸡带菌的比例很高，常因应激因素的作用（如天气的突变、断水断料、突然改变饲料等）使鸡的抵抗力下降而发病。本病主要通过消化道和呼吸道传染，也可经皮肤外伤感染。强毒力菌株感染后多呈败血性经过，急性发病，病死率高，可达30%及以上。较具活力的菌株

感染后病程较慢，死亡率亦不高，常呈散发性。本病一年四季均可发生，高温、潮湿且多雨的夏秋季节多见。在我国，南方比北方多见。

3.15.3　临床表现

根据鸡感染的禽多杀性巴氏杆菌菌株的毒力，病鸡表现的症状主要有急性型和慢性型两种。

3.15.3.1　急性型

急性型是该病的常见类型，鸡群中发病的多是营养状况良好的鸡。病鸡体温升高，食欲减少，口、鼻分泌物增多引起呼吸困难，严重时摇头企图甩出喉头黏液，腹泻，排黄绿色稀粪，后期粪便中带血。病鸡表现症状后很快死亡，常在饲料槽边发现死鸡，死亡鸡嗉囊内有较多的饲料。蛋鸡产蛋量减少。

3.15.3.2　慢性型

慢性型由毒力弱的毒株引起，或由急性病例发展而来，常常存在于卫生状况不良的鸡场，表现为消瘦，下痢，鼻炎，关节炎，肉髯肿大。病程较长，可拖延几周。蛋鸡产蛋减少。

3.15.4 剖检变化

急性病例明显的剖检病变为急性败血症，典型的病变表现在心脏、肝脏、肺脏和肠道。心肌、心冠脂肪上有少量或大量的出血点，肝脏肿大，质地变脆，表面有大量针尖大至针头大的灰白色坏死点（图3-64）。肺脏瘀血、水肿或出血，有时有渗出液（图3-65）。肠道出血严重，以十二指肠最为严重，小肠膨胀至正常的2倍大小，内容物呈胶冻样，肠系淋巴结环状肿大、出血。有的病例脾脏肿大，也有白色的坏死点，腹部皮下脂肪出血（图3-66），产蛋鸡卵泡出血（图3-67）、破裂。

图3-64 心冠脂肪上的出血点，肝脏肿大，表面密布大量针尖大至针头大的灰白色坏死点（程龙飞 供图）

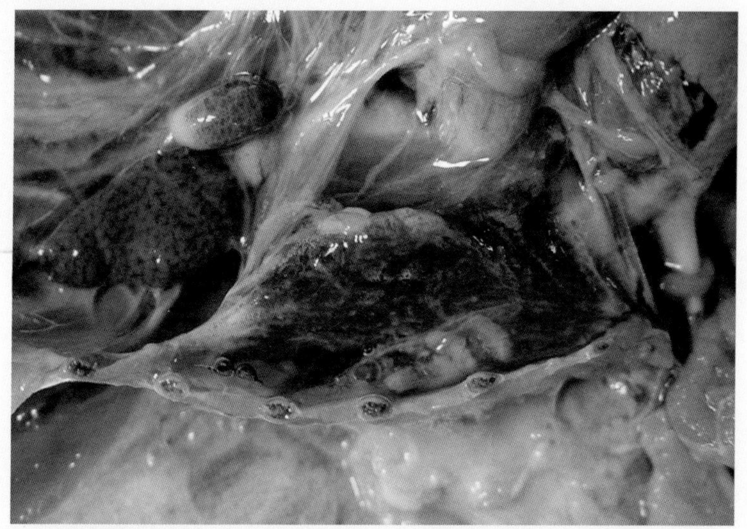

图3-65　肺脏瘀血、水肿，有渗出液（程龙飞 供图）

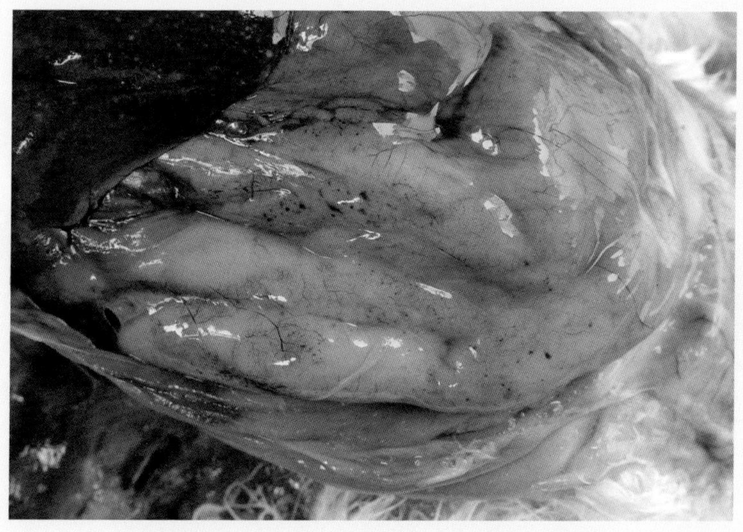

图3-66　腹部皮下脂肪出血（程龙飞 供图）

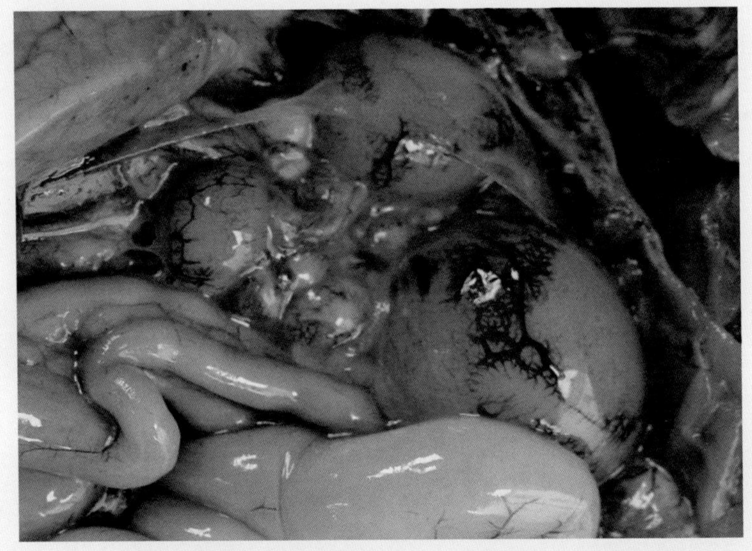

图3-67 产蛋鸡卵泡出血（程龙飞 供图）

3.15.5 诊断

根据典型的剖检病变，结合流行病学特点，一般易对急性型病例做出初步诊断。进一步的确诊还需结合细菌的分离鉴定。引起鸡急性发作并快速死亡的疾病还有禽流感和新城疫，应注意鉴别。

3.15.6 防治

许多药物如磺胺类、喹诺酮类和大环内酯类等均对

本病有较好的治疗效果，有条件的可以根据细菌的药敏试验结果选用敏感药物进行治疗。药物应用后病情很快就能控制，但停药后极易复发，再次发病时，药物的效果大打折扣，所以鸡场一旦发病，应用药物的同时，最好紧急免疫禽霍乱灭活疫苗。

在本病的流行地区，免疫接种是非常重要的预防措施。商品化的疫苗有活疫苗和灭活疫苗，应注意，活疫苗使用前后，鸡群不能应用抗生素。

3.16　大肠杆菌病

3.16.1　概述

鸡大肠杆菌病是由某些血清型的致病性大肠杆菌引起的一类传染病的总称。随着集约化饲养的迅速发展，大肠杆菌病的流行日趋严重，病型表现多种多样，引起患病鸡群的死亡、生长发育受阻、淘汰率增加、蛋品质下降、孵化率降低以及治疗费用增加等，给养鸡业造成极大的经济损失。

3.16.2　流行病学

各种品种、各种日龄鸡均可感染发病，幼龄鸡更易感，本病的发病率和死亡率因饲养管理水平、环境卫生状况和治疗方案的不同而呈现非常大的差异。病鸡和带菌鸡是主要的传染源，致病性大肠杆菌可以经蛋传播导致胚胎感染，引起胚胎和幼雏死亡，还可经消化道、呼吸道和生殖道（交配或人工授精）传播。本病一年四季均可发生，在多雨、闷热和潮湿季节发生较多。本病常并发或继发于其它引起免疫抑制的疾病，如鸡传染性法氏囊病、鸡败血支原体病等。

3.16.3　临床表现及剖检变化

鸡大肠杆菌病的病变类型多种多样，常见的有胚胎及幼雏死亡、气囊炎、急性败血症、卵黄性腹膜炎和慢性肉芽肿等。

3.16.3.1　胚胎及幼雏死亡

病菌直接进入蛋内导致胚胎感染，引起胚胎死亡或出壳后幼雏陆续死亡。主要病变为卵黄未被吸收，呈

黄色黏稠状物。病程稍长者，卵黄囊肿大发硬或变黑色，内容物干酪样。

3.16.3.2　气囊炎

5～12周龄的雏鸡多发，表现为轻重不一的呼吸道症状。病变表现为气囊混浊增厚，有干酪样物沉积（图3-68）。病程长者，可见心包炎，心包膜增厚，与胸骨相连。肝脏表面覆盖有一层纤维素性渗出物。

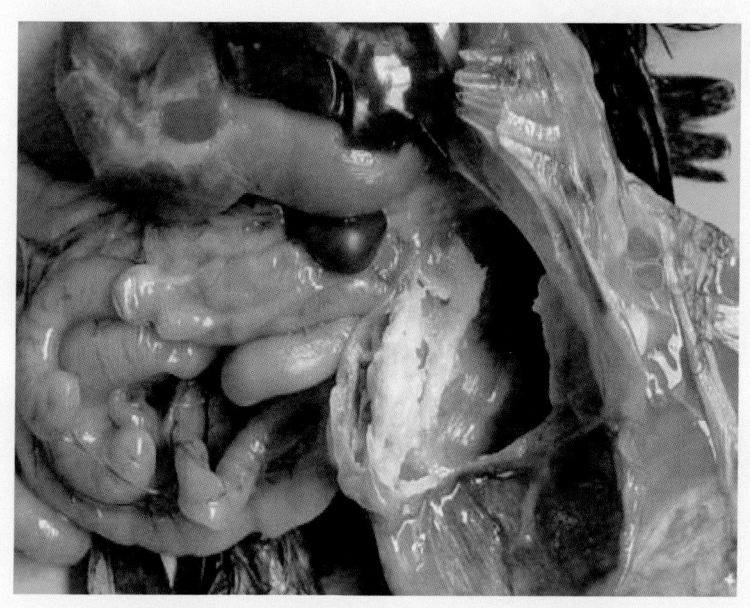

图3-68　气囊有干酪样物沉积（程龙飞 供图）

3.16.3.3 急性败血症

典型的大肠杆菌病是指这一型的病例，又称大肠杆菌败血症。多发生于育成鸡群和成年鸡群，发病鸡突然死亡，症状不明显。死亡鸡体质良好，嗉囊内充满大量食物。主要病变为胸肌充血；肝脏肿大、瘀血（视频3-13），严重时呈铜绿色，有时肝脏表面可见灰白色针尖状坏死点；胆囊扩张，充满胆汁；气囊混浊，有不同程度的干酪样渗出物附着；脾脏、肾脏肿大。病程稍长者，心包增厚，被纤维素性渗出物包裹；肝脏表面覆盖一层厚薄不一、湿润或干燥、易剥离或不易剥离的纤维素性渗出物（图3-69）。

视频3-13

［扫码观看：大肠杆菌病（程龙飞　供）］

3.16.3.4 卵黄性腹膜炎

该病常见于产蛋鸡，病程长，发病率不高但病死率较高，鸡群产蛋量下降。主要病变为卵黄性腹膜炎（图3-70），卵黄破裂，卵黄液和纤维素性渗出物弥漫于整个腹腔，腹腔内有特殊的恶臭味。严重者，渗出物将腹腔内脏器粘连，结成块状。卵巢出血变形，呈橘子瓣状或成为质地坚硬的小结节，输卵管发炎，管腔内有多量混浊液体或干酪样物。

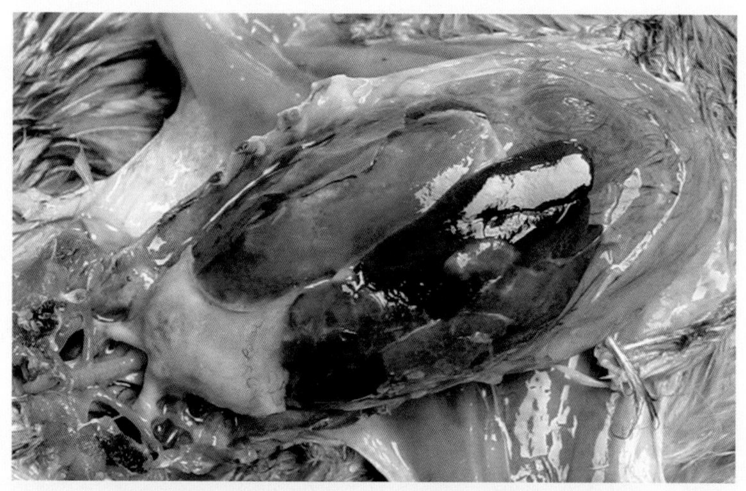

图3-69　肝脏表面覆盖一层较薄、湿润、易剥离的纤维素性渗出物（程龙飞 供图）

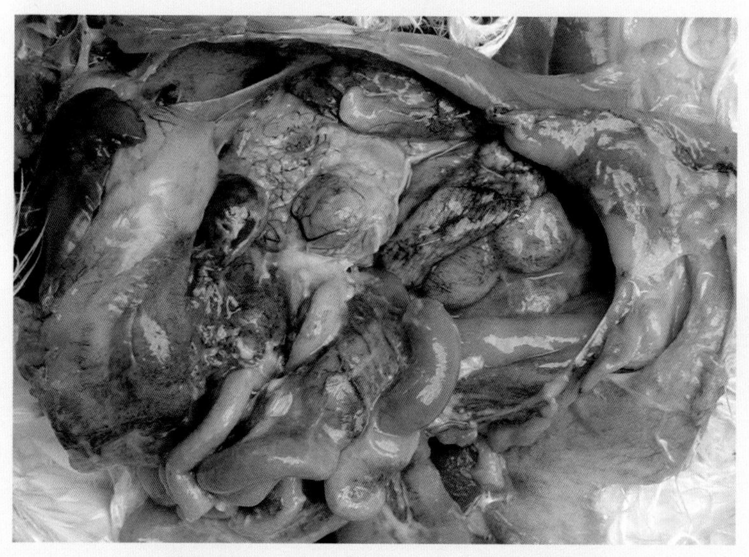

图3-70　卵黄性腹膜炎（程龙飞 供图）

3.16.3.5 慢性肉芽肿

45～70日龄鸡多发，病鸡进行性消瘦，可视黏膜苍白，腹泻。主要的病变为心肌炎，心包膜混浊，充满淡黄色渗出物，心肌弥漫性增厚，形成肉芽型结节（图3-71），结节呈灰色肿瘤状，在心肌表面或深层。

图3-71 心脏上的肉芽型结节（钟敏 供图）

3.16.4　诊断

鸡大肠杆菌病病型复杂，各年龄段的鸡均可感染发病，流行病学、临床症状和剖检病变等均有差异，另外常有不同程度的混合感染，这些情况给该病的诊断带来一定的困难。确诊需结合病原的分离鉴定来进行。临床诊断应注意与鸡沙门氏菌病、鸡霍乱和鸡葡萄球菌病等相鉴别。

3.16.5　防治

加强饲养管理，搞好鸡舍和环境的卫生消毒工作，避免各种应激因素，并抓好孵化室、育雏室、育成鸡群及成年鸡群的综合防治工作，才能有效地控制本病的发生和发展。免疫接种可以取得较好的防治效果，但应选用与流行菌株血清型相同的疫苗，一般于26日龄首免，开产前半个月再免疫一次。许多抗菌药物如硫酸庆大霉素、硫酸新霉素、硫酸卡那霉素、金霉素、氨苄西林、头孢类和磺胺类药物等均对本病有一定的治疗作用，但由于大肠杆菌易产生耐药性，因此尽可能通过药敏试验筛选出敏感药物供临床上使用。

3.17 沙门氏菌病

3.17.1 概述

鸡沙门氏菌病是由多种沙门氏菌引起鸡的一大类疾病的总称，其中由鸡白痢沙门氏菌引起的称为鸡白痢，由鸡伤寒沙门氏菌引起的称为鸡伤寒，由带鞭毛能运动的多种沙门氏菌引起的统称为鸡副伤寒。该病广泛存在于世界各地的鸡场，给养鸡业造成严重的经济损失。沙门氏菌是人类重要的食源性疾病病原之一，在人医、兽医及公共卫生等相关领域上占有重要的地位。鸡沙门氏菌病中，鸡副伤寒在食品卫生中具有重要的意义。

3.17.2 流行病学

鸡是沙门氏菌的最大宿主，不同品种的鸡易感性不同，体重较大的褐壳蛋鸡比体重轻的白壳蛋鸡的易感性高。母鸡的易感性比公鸡高。雏鸡感染后发病率和死亡率较高，而成年鸡感染后则多呈隐性感染，不表

现症状。带菌鸡是主要的传染源，感染后的成鸡其卵巢或睾丸中可终身带菌，可经蛋传播给下一代，降低孵化率，致死鸡胚，出壳后弱雏增加。带菌的雏鸡经粪便排出病菌，污染环境，经消化道、呼吸道和皮肤伤口水平传播。寒冷、过热、拥挤、通风不好、营养不良、运输等应激因素均可使发病率和死亡率升高。

3.17.2.1　鸡白痢

鸡白痢主要危害3周龄的雏鸡，以拉白痢为特征，感染后死亡率较高。育成鸡和产蛋鸡感染后只有零星死亡，感染鸡群的均匀度大大降低；蛋鸡推迟1～2周开产，没有产蛋高峰，蛋的品质下降；如果是种鸡，受精率和孵化率也会降低且出壳后弱雏多。

3.17.2.2　鸡伤寒

鸡伤寒主要侵害育成鸡和产蛋鸡，以4～20周龄的青年鸡多见，发生急性或慢性败血症。除发病日龄较大外，其流行病学与鸡白痢基本相同，很难区分。

3.17.2.3　鸡副伤寒

鸡副伤寒主要感染2周龄内的雏鸡，呈急性败血症经过，可引起大量死亡。1月龄以上的鸡对副伤寒的抵抗力较强，仅为慢性或隐性感染。细菌在鸡的肠道内定植，屠宰过程中可能污染胴体，引起人类的食源性疾病。

3.17.3 临床表现

3.17.3.1 鸡白痢

经蛋感染的雏鸡多在1周龄内发病，水平感染时发病稍晚，在2～3周达到死亡高峰。病鸡精神沉郁，垂头闭眼，聚在鸡舍的角落里，食欲减退，拱背努责、排灰白色或带绿色的稀粪，排粪时发出尖叫声。肛门部羽毛粘有粪便（图3-72），甚至肛门被粪便堵塞而不能排便。成年鸡感染时一般不表现症状，但可见产蛋量、受精率和孵化率下降。雏鸡的死亡率较高，有时可达100%。成年鸡的死亡率较低，仅为零星死亡。

3.17.3.2 鸡伤寒

雏鸡伤寒的临床表现与鸡白痢相似。成年鸡感染后精神不振，羽毛松乱，冠髯苍白，腹泻，粪便呈黄绿色。

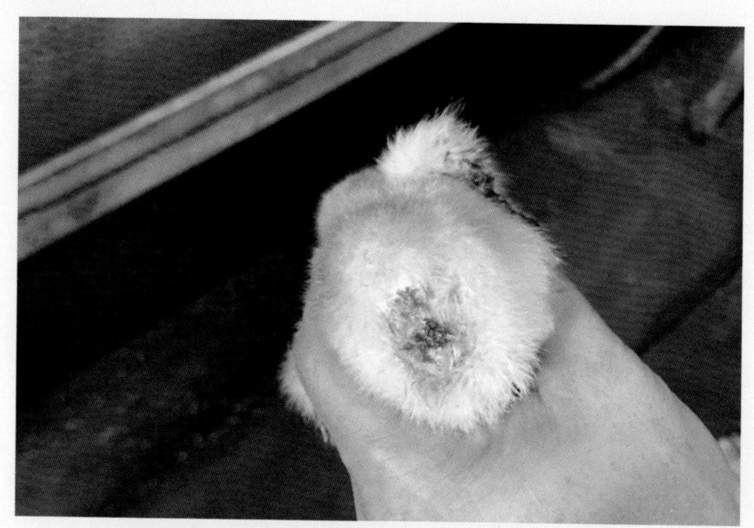

图3-72　病鸡肛门羽毛黏有粪便（程龙飞 供图）

3.17.3.3　鸡副伤寒

雏鸡感染后精神沉郁，食欲减退，排水样粪便，呼吸困难，死亡率较高。1月龄以上鸡感染后一般不表现症状。

3.17.4　剖检变化

3.17.4.1　鸡白痢

1周龄内死亡的雏鸡，可见脐愈合不良，卵黄吸收不良，呈污绿色或灰黄色奶油样或干酪样。1周龄以上的雏鸡，心肌上有米粒大小的灰白色坏死结节，肝脏肿大，有不规则的灰白色坏死灶（图3-73）。盲肠肿大，内有干酪样栓子。肺脏和脾脏有时也可见灰白色坏死结节，肾脏肿大、色淡，有尿酸盐沉积。成年鸡主要表现为卵子的变性、变形和坏死。卵泡的色泽也由原来的黄色变为灰白、灰黄、暗红、污绿等。有时可见卵黄性腹膜炎和腹水。

图3-73 肝脏肿大，有不规则的灰白色坏死灶（程龙飞 供图）

3.17.4.2 鸡伤寒

病鸡肝脏肿大，呈浅绿色、棕色或铜绿色，质地变脆，有时有数量不等、大小不一的灰白色坏死灶，胆囊充满胆汁（图3-74）。脾脏肿大并常有坏死灶。心包膜增厚，与胸骨粘连。肠道卡他性炎症，肠黏膜有时有溃疡。肺脏和肌胃有时也可见灰白色坏死灶。

图3-74 肝脏有不规则的灰白色坏死灶，胆囊充盈（程龙飞 供图）

3.17.4.3 鸡副伤寒

肝脏肿大、发绿，严重时呈青铜色，表面散布有点状或条纹状的出血点或灰白色的坏死灶（图3-75）。肺脏坏死。脾脏肿大。心包膜增厚与胸骨粘连，气囊增厚，有灰白色或灰黄色渗出物沉积（视频3-14）。盲肠内有干酪样栓子。病程稍长的表现出血性肠炎。成年鸡主要表现为卵黄性腹膜炎。

视频3-14

［扫码观看：沙门氏菌病（程龙飞　供）］

图3-75　肝脏发绿，表面散在灰白色坏死灶（程龙飞 供图）

3.17.5　诊断

根据流行特点、临床表现和剖检变化，只能做出初步诊断。进一步的确诊必须进行细菌的分离鉴定和血液的平板凝集试验来综合判定。

3.17.6　防治

3.17.6.1　预防

本病的控制必须从种鸡做起，对种鸡包括公鸡逐只进行血清学检查，一旦出现阳性鸡立即淘汰，建立无白痢种鸡场是控制本病的关键。

3.17.6.2　药物治疗

许多药物都对本病有一定的疗效，但由于大量抗生素的不规范使用，沙门氏菌的耐药性问题日益突出，大多数菌株呈现出多重耐药性，给临床药物的选择和应用带来了难度。有条件的应进行药物敏感试验选择敏感药物进行治疗。药物的应用，并不能使鸡沙门氏菌病从鸡群中消失，治愈后的鸡仍然带菌。目前鸡沙门氏菌病还没有一种有效的疫苗。鉴于此，本病的控制必须从种鸡做起，对种鸡包括公鸡逐只进行血清学检查，一旦出现阳性鸡立即淘汰，种蛋入孵前要熏蒸消毒，同时要做好孵化器和孵化环境的卫生消毒工作。加强鸡场的饲养管理工作，能有效地降低本病的发生率和死亡率。

3.18 葡萄球菌病

3.18.1 概述

鸡葡萄球菌病是由金黄色葡萄球菌感染鸡引起的一种急性或慢性传染病。病鸡感染后，由于死亡、增重减缓、产蛋下降、屠宰加工淘汰等原因造成一定的经济损失。金黄色葡萄球菌也能感染其它动物和人，除引起炎症外，还能产生肠毒素污染食品，也是人类食源性疾病病原之一，具有重要的公共卫生学意义，应当引起重视。

3.18.2 流行病学

葡萄球菌能引起多种动物感染并发病。葡萄球菌在

自然界分布很广，在土壤、饮水、空气、饲料等物体表面均有存在，在鸡的皮肤、羽毛、肠道内也有分布。不同品种鸡对葡萄球菌病的易感性略有不同，蛋用型鸡中以轻型鸡、产白色壳蛋的鸡易感性相对高些。发病以40～60日龄的鸡多见。笼养方式的鸡比平养方式的鸡发病较多。皮肤创伤是主要的感染途径，当断喙、打翅号、打架、硬物刺伤、鸡痘痘痂脱落等引起鸡皮肤或黏膜表面的破损，环境中的葡萄球菌就可能进入机体而造成感染发病。另外，脐带感染也是常见的感染途径，呼吸道偶尔也能感染。本病的发病率和死亡率均不高，一年四季均可发生，雨季和潮湿的季节较多见。

3.18.3　临床表现

由于葡萄球菌本身的致病力不同，感染部位不同，鸡的抵抗力有差异，所以表现出来的病变类型较多，可以分为急性型和慢性型。急性型多为败血症病变，慢性型则可能表现关节炎、雏鸡脐炎、眼炎和肺炎等多种病型。

急性败血症型的病鸡表现全身症状，精神萎靡不振，双翅下垂，羽毛杂乱，缩颈嗜睡，食欲减退或废绝。部分病鸡腹泻，排出灰白色或黄绿色的粥样稀粪。特征性的表现在病鸡的胸腹部及大腿内侧的皮下，浮肿，外观呈紫色或紫黑色，触摸有波动感，局部羽毛脱落；严重的会自然破溃，流出赤黄色、茶色或紫红色液体，沾污周围的羽毛。

关节炎病鸡可见单个或多个关节肿胀（图3-76）、局部发热，特别是趾、跖关节多见，外观呈紫黑色，化脓、破溃或结痂，病鸡跛行，多伏卧于鸡舍角落，因采食困难而逐渐消瘦，病程长，最终衰竭死亡。雏鸡脐炎多发生于弱雏，脐环闭合不全感染葡萄球菌而发病，脐孔肿大呈紫黑色，或化脓，质稍硬，一旦发生，病死率高。眼炎型多为局部创伤引起，眼睑肿胀，眼分泌物增加，严重者脓性分泌物将眼睛粘连而失明（图3-77、视频3-15），病鸡多因采食困难而逐渐消瘦、衰弱。肺炎型表现呼吸障碍及全身症状。

视频3-15

［扫码观看：葡萄球菌病（程龙飞　供）］

图3-76　病鸡一侧跖关节肿胀（程龙飞 供图）

图3-77　脓性分泌物将一侧眼睛粘连，病鸡失明（程龙飞 供图）

3.18.4 剖检变化

3.18.4.1 急性型

特征性的剖检变化是胸腹部皮下的变化，剪开皮肤，可见胸腹部皮下充血、水肿， 呈弥漫性紫红色，有大量淡红色或淡黄色的胶冻样物，水肿的范围可能往前扩展到嗉囊周围，往后扩展到两腿内侧甚至后腹部。胸肌或腿肌有散在的出血斑或坏死灶。肝脏略肿，呈淡紫红色，也可能有坏死点。心包积液，呈黄红色半透明。偶有肠炎的变化。

3.18.4.2 慢性型

关节炎型病鸡，受侵害的关节肿大，滑膜增厚，切开常可见关节腔内有白色或淡黄色的浆液性或脓性分泌物或淡黄色干酪样物，关节附近的肌腱、腱鞘也发生肿胀，甚至变形。脐炎型病鸡，脐部肿大，呈紫黑色或紫红色，切开可见积液或积脓或干酪样物，病程稍长者，脐部肿大、变硬、发黑。眼炎型病鸡的病变集中于眼部，其它脏器基本上没有特征性的变化。肺炎型病鸡，肺部瘀血、水肿，继而失去弹性，严重病变者肺部变硬、发黑。

3.18.5　诊断

根据特征性的临床表现和剖检变化，结合其流行特点，特别是发病率不高，鸡有受创伤史，或鸡痘正在发生等，较容易做出初步诊断。确诊需进行细菌的分离、鉴定和致病性测定。鉴别诊断时，败血症变化应与败血性传染病相区别；皮下水肿应注意与硒缺乏症相区别；关节炎型引起的跛行，应注意与致病性大肠杆菌、多杀性巴氏杆菌及链球菌、滑液支原体等引起的关节炎，还有病毒性关节炎、腱破裂及营养缺乏等相区别。

3.18.6　防治

预防本病的工作重点在饲养管理。鸡笼、鸡舍内不应有易损伤鸡的尖锐物品，保持合理的饲养密度，防止鸡群打架，尽量避免对鸡造成意外的创伤。当断喙、打翅号、剪趾、免疫刺种等人为的创伤时，应做好消毒工作。适时接种鸡痘疫苗，预防鸡痘的发生。做好鸡舍的环境卫生及消毒工作，可以减少环境中葡萄球菌的数量，降低感染的机会，对防止本病的发生具有重要的意义。本病发生时可以选择抗生素对个体或全

群进行治疗，由于葡萄球菌的耐药性较强，所以最好能用药敏试验来筛选敏感药物。

3.19 传染性鼻炎

3.19.1 概述

鸡传染性鼻炎是由鸡副嗜血杆菌引起的一种急性上呼吸道传染病，在规模化蛋鸡场发病率高、传播速度快、危害很大，也能引起肉鸡发病。鸡副嗜血杆菌对外界的抵抗力弱，容易被普通消毒药很快杀死，有A、B、C三个血清型，我国流行的菌株以A型为主，近些年B型和C型的流行有缓慢增加的趋势。

3.19.2 流行病学

本病主要发生在4周龄以上的鸡，而雏鸡有一定的抵抗力。一年四季均可发生，但以秋冬季节较多见。传播途径有经空气传播（如飞沫传播）和通过污染的饲料、饮水、器具等间接接触传播。

3.19.3　临床表现

本病潜伏期1～4天，传播速度快，3～5天可波及全群，表现发热、精神沉郁、呆立、不吃食、流鼻涕（图3-78）、打喷嚏、咳嗽，用手按压鼻孔可见鼻孔流出鼻液。流泪、眼睛红肿，严重时可出现上下眼睑粘连而导致病鸡失明。一侧或双侧眼眶周围组织肿胀（图3-79、视频3-16），进而发展到眶下窦肿大。口腔中有大量黏液，常有甩头动作，个别可出现肿头、肿脸以及鸡冠和肉髯水肿。在产蛋鸡本病还可导致产蛋率明显下降。在鸡舍较密闭的蛋鸡群，本病传播速度很快，发病率高达90%，死亡率5%～20%，病程持续7～20天。急性发作后，鸡群还会出现零星发病。

视频3-16

［扫码观看：传染性鼻炎（江斌　供）］

图3-78　流鼻涕（江斌 供图）

图3-79　眼眶周围组织肿胀（江斌 供图）

3.19.4 剖检变化

鼻腔、眶下窦和眼结膜出现急性卡他性炎症（图3-80），面部和肉髯的皮下发生水肿，严重时鼻窦或眶下窦可流出大量黄白色干酪样物（图3-81）。喉头黏液多，气管和支气管充血、出血，管内有少量分泌物，中后期可见卵巢上卵泡变性。

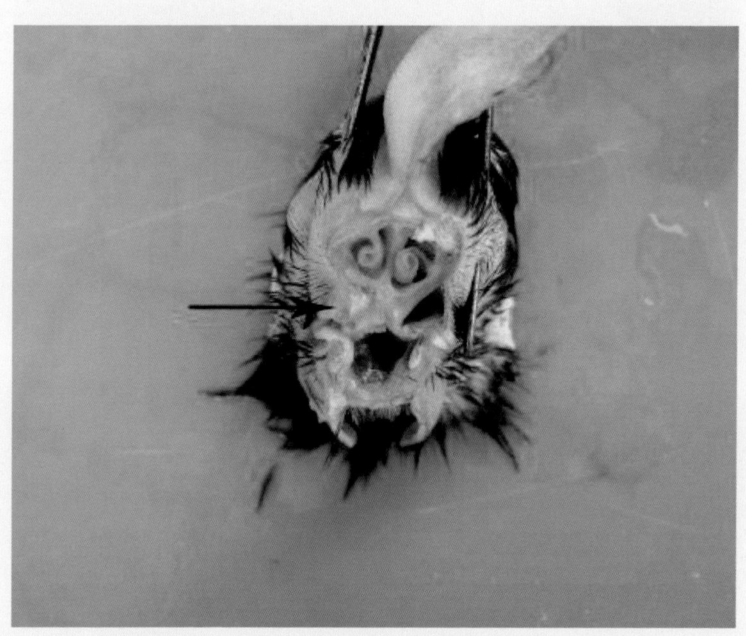

图3-80　眶下窦出现急性卡他性炎症（江斌 供图）

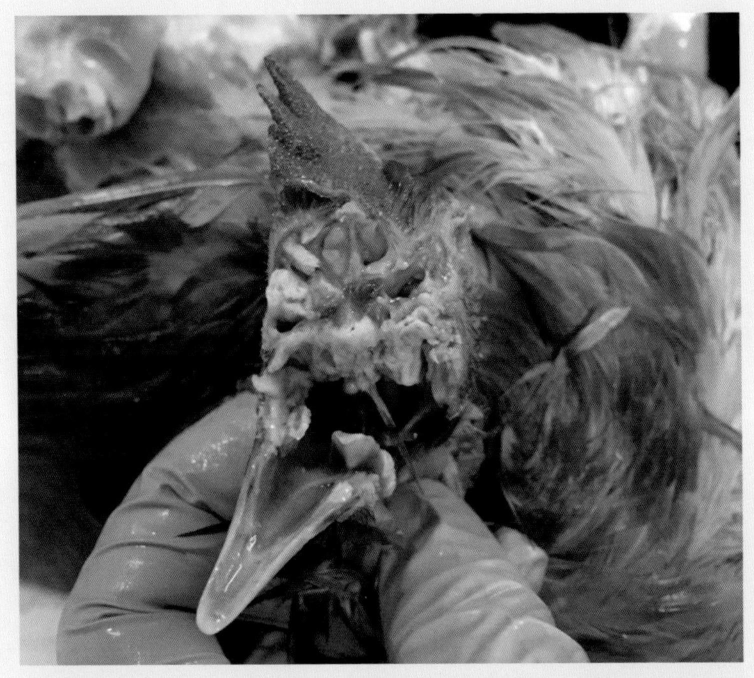

图3-81　鼻窦和眶下窦有大量黄白色干酪样物（程龙飞 供图）

3.19.5　诊断

根据特征性的临床表现和剖检变化，结合其流行特点，可做出初步诊断。确诊需进行细菌的分离和鉴定，血清型的鉴定采用平板凝集试验，因为不同血清型菌株之间没有交叉保护，所以流行菌株的血清型可以为疫苗的选择提供依据。应注意与鸡支原体病、鸡传染

性支气管炎、鸡传染性喉气管炎、H9亚型禽流感等进行鉴别诊断。

3.19.6 防治

免疫接种是预防本病的重要措施，目前国内外已有灭活疫苗（A型灭活苗或A、B、C三价灭活疫苗），剂型有铝胶灭活疫苗和油乳剂灭活疫苗。在种鸡和产蛋鸡的开产前使用该疫苗对预防本病具有一定效果。疫苗选用本地区相应血清型或多价灭活疫苗为宜，在产蛋鸡开产前免疫1～2次。由于该菌对外界环境的抵抗力弱，所以加强鸡场的卫生消毒工作可以有效地杀灭该菌、降低本病的发生率、减轻本病发生的严重程度。治疗鼻炎的药物很多，多种磺胺类药物和抗生素对本病均有效果。其中磺胺类药物是首选药物，要连续用药5～7天。对个别严重病鸡（如肿脸）可采用青霉素、硫酸链霉素或磺胺类注射液进行肌内注射，每天1次，连用2天，有较好的治疗效果。在治疗过程中，要做好消毒隔离工作（特别是蛋筐等传播媒介），防止病情传染给临近鸡舍或周边鸡场。同时注意本病易复发，必要时要重复用药。

3.20 球虫病

3.20.1 概述

鸡球虫病是由艾美耳属的一种或多种艾美耳球虫寄生于鸡肠道黏膜上皮细胞，引起肠黏膜出血的一种寄生虫病。本病流行广泛，特别是平地养鸡，就不可避免球虫病的发生。防治不当时，球虫病的死亡率可达50%～80%，给养鸡业带来巨大的经济损失。

3.20.2 球虫的特点及生活史

引起鸡发病的球虫大约有9种，分别是寄生于小肠前段的堆型艾美耳球虫、哈氏艾美耳球虫、变位艾美耳球虫、和缓艾美耳球虫、早熟艾美耳球虫，寄生于小肠中段的毒害艾美耳球虫、巨型艾美耳球虫，寄生于小肠后端、直肠和盲肠近端的布氏艾美耳球虫，寄生于盲肠的柔嫩艾美耳球虫。不同种类的球虫，致病性存在一定的差异，其中柔嫩艾美耳球虫的致病性最强，临床中也最常发生。鸡粪中的球虫卵称为卵囊，

无色或淡黄色，圆形或椭圆形，有坚韧的卵囊壁，对环境不利因素有较强的抵抗力，可在土壤、垫料中存活数月之久。在合适的温度和湿度下，卵囊发育形成感染性卵囊，被鸡吞食后进入小肠，在消化液的作用下，感染性卵囊内的子孢子破壁而出，侵入肠上皮细胞进行增殖，经若干代后进行有性的配子生殖，产生卵囊，随鸡粪排出体外，开始新一轮的寄生生活。

3.20.3 流行病学

各品种的鸡均易感，2周龄到7周龄的鸡发病率及死亡率较高，成年鸡有一定的抵抗力。病鸡是主要的传染源，通过粪便排出卵囊，在外界发育成感染性卵囊，经消化道感染。在潮湿多雨，气温较高的季节易暴发球虫病。球虫孢子化卵囊对外界环境及一般的消毒剂有一定的抵抗力。

3.20.4 临床表现

由于感染的球虫种类不同、感染性卵囊摄入的数量不同、鸡群的日龄不同、鸡本身的免疫状况不同，球虫感染后表现的症状也不相同，从轻微症状的亚临床

视频3-17

［扫码观看：球虫病（江斌　供）］

感染，到严重地暴发。病鸡精神萎靡、羽毛蓬松、两翼下垂、嗉囊胀满，采食量下降，饮水增加，后期鸡冠苍白、消瘦、嗜睡、蹲伏于鸡舍角落。如果感染的是寄生于小肠后段和盲肠的球虫，会出现不同程度的血便（视频3-17），其它球虫感染则会出现不同程度的黑色粪便。

3.20.5　剖检变化

不同的球虫致病力不同、寄生的肠道部位不同，引起不同的剖检变化。寄生部位的肠道，肿大至正常的2～5倍，肠壁上有数量不等、大小不一的出血点或淡白色斑点（图3-82～图3-84），肠黏膜肿胀增厚、外观粗糙、出现不同程度脱落，肠腔中充满胡萝卜色胶冻样的内容物、暗红色血液或凝血块（视频3-17）。

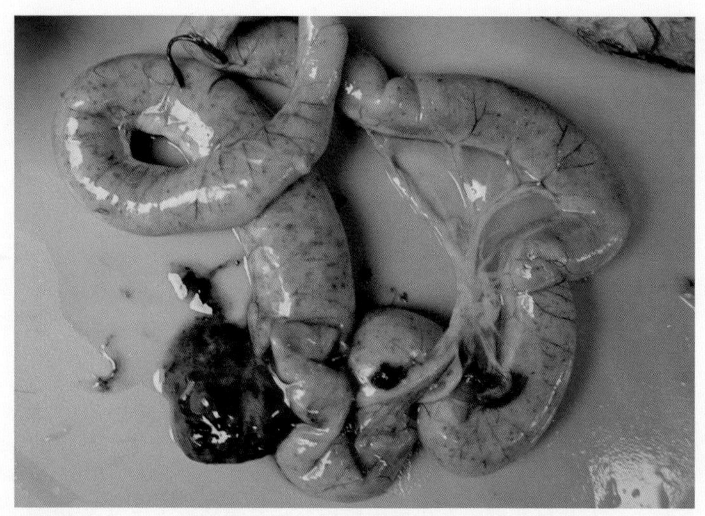

图3-82　小肠中段肿大，肠壁上有大量出血点、少量淡白色斑点，内容物胶冻状、带血（程龙飞 供图）

图3-83　小肠肿大，肠壁上有大量淡白色斑点、少量出血点（程龙飞 供图）

图3-84 小肠肠壁上有少量出血点，肠黏膜脱落（程龙飞 供图）

3.20.6 诊断

根据临床症状、流行病学调查和剖检病变等，比较容易做出初步诊断。常用的实验室检查法是饱和盐水漂浮法或直接涂片法，用显微镜检查粪便中的卵囊，根据卵囊的特征、大小和形状来确诊。

3.20.7 防治

加强饲养管理是预防球虫病的重要措施。大鸡与雏鸡分开饲养，保持鸡舍内干燥、通风，及时清除粪便，

收集一起堆放、发酵杀灭卵囊。保持饲料、饮水清洁，笼具、料槽和水槽定期消毒。采用网床饲养，将鸡与粪便尽可能隔离，可收到很好的预防效果。

抗球虫药对防治鸡球虫病起到了极大的作用，但长期大量地使用抗球虫药，易导致耐药虫株出现，使得抗球虫药效果不佳或防治失败。在使用抗球虫药进行防治球虫病时，需要合理用药、联合用药、穿梭用药和轮换用药，以达到较好的治疗效果。

目前我国已经有商品化的鸡球虫活疫苗。用疫苗控制球虫病能克服使用抗球虫药成本高、药物残留、易产生耐药性、疗程长等弊端，是一种安全、高效的途径。但疫苗免疫操作要得当，在使用鸡球虫活疫苗期间，不能在饲料中添加任何对球虫繁殖有影响的药物，否则很容易引起免疫失败。

3.21 蛔虫病

3.21.1 概述

鸡蛔虫病是由禽蛔虫科禽蛔属的鸡蛔虫寄生于鸡小肠引起的一种鸡消化道寄生虫病。本病遍及全世界，在平地、山地或林间放养模式的鸡场发生更多，会不同程度地影响鸡的生长发育和生产性能，影响养鸡业的发展。

3.21.2 蛔虫的特点及生活史

鸡蛔虫是鸡体内最大的线虫。虫体呈淡黄色或乳白色，圆筒形，体表角质层具有横纹，雄虫长25～70毫米，雌虫长65～110毫米。虫卵椭圆形，灰白色，表面光滑，有较厚的卵壳抵抗外界的环境，在土壤中可存活6个月，能抵抗普通的消毒药，对高温、干燥和阳光直射的抵抗力弱，肉眼看不到，借助普通显微镜可以看到。鸡蛔虫生活史属直接发育型。雌、雄成虫在鸡小肠内交配后，雌虫产的虫卵随粪便排出体外，在适宜的温度和湿度下，经15～20天发育成感染性虫卵，排出体外的虫卵或感染性虫卵也可能被蚯蚓吞食。鸡食入感染性虫卵或含有感染性虫卵的蚯蚓，虫卵中的幼虫即在腺胃或肌胃中破壳而出，进入小肠钻入肠黏膜，发育一段时间后，进入肠腔发育为成虫。感染性虫卵从被鸡食入到成虫需要35～50天。

3.21.3　流行病学

各品种鸡均可感染，3～9月龄的鸡最易感，对3～4月龄的鸡危害最大。随着日龄的增大，易感性逐渐降低，一年以上的鸡感染后带虫不发病。鸡蛔虫病一般在春夏季节流行传播，主要发生于散养或放养的鸡。

3.21.4　临床表现

病鸡一般表现生长不良，渐进性消瘦，贫血，羽毛松乱，鸡冠苍白，腹泻，排泡沫状稀粪，粪便中有时有血液或黏液，严重感染时大批死亡。

3.21.5　剖检变化

病死鸡消瘦，胸肌菲薄（图3-85），在小肠内可发现数量不等、大小不一的蛔虫成虫（图3-86）。病情较重的，蛔虫将肠管堵塞，严重者引起肠穿孔（图3-87），导致腹膜炎和鸡的急性死亡。肠黏膜出血、水肿。

图3-85　病死鸡消瘦，胸肌菲薄（程龙飞 供图）

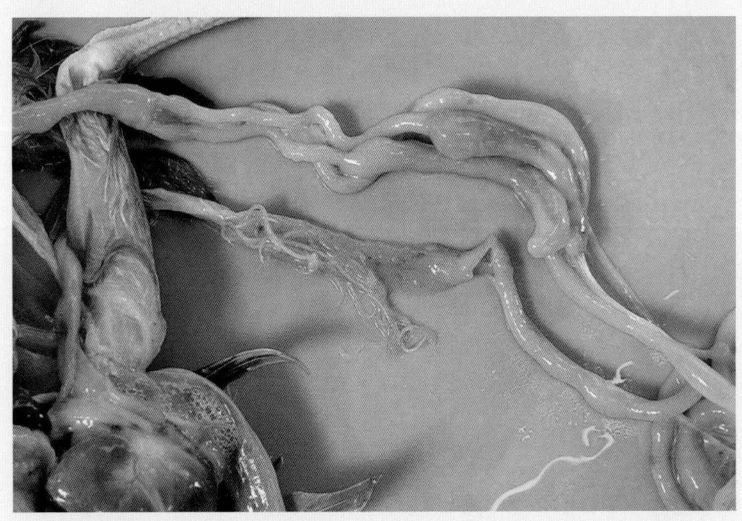

图3-86　小肠内数量众多、大小不一的蛔虫（程龙飞 供图）

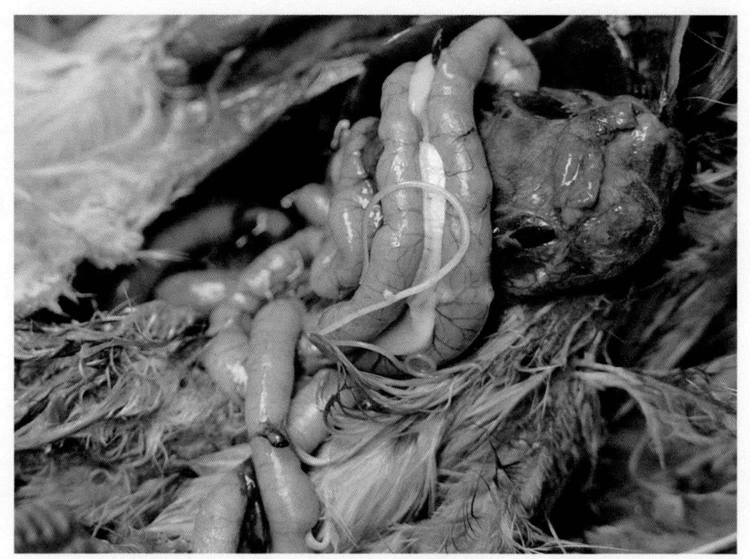

图3-87　打开腹腔，即可见到蛔虫，十二指肠有被穿孔的痕迹（程龙飞 供图）

3.21.6　诊断

根据剖检病变，在肠道发现虫体或在粪便中发现虫体即可做出确诊。常用的实验室检查法是饱和盐水漂浮法，用显微镜检查粪便中的虫卵。

3.21.7　防治

加强饲养管理、及时清除鸡粪、定期驱虫，可以有效地预防该病。对确诊病鸡可进行药物治疗，常用药有左旋咪唑、阿苯达唑和伊维菌素等。发病时在饲料中添加B族维生素和维生素A、适当增加蛋白质的含量，可有效地减轻蛔虫病的危害。

3.22 绦虫病

3.22.1 概述

鸡绦虫病是由多种绦虫寄生于鸡的肠道引起的一种寄生虫病。本病呈世界性分布，几乎所有放养的鸡均存在绦虫的感染，我国各地均有发病的报道。

3.22.2 绦虫的特点及生活史

寄生于鸡的绦虫种类很多，最常见的是赖利属的棘沟赖利绦虫、四角赖利绦虫、有轮赖利绦虫和戴文属的节片戴文绦虫。绦虫肉眼可见，个体大的长约25厘米，小的仅1厘米。绦虫乳白色，扁平、呈带状，由头节、颈节和体节构成。头节上有吸盘和小钩等吸附器

官，吸附在小肠壁上；颈节负责生长，可以使绦虫越来越长；体节上有雌雄两套生殖器官和虫卵，成熟后节片脱落，经粪便排出体外。虫卵被蚂蚁、家蝇、甲虫、蜗牛、蚯蚓等中间宿主吞食后，经2～3周的时间在中间宿主体内发育形成似囊尾蚴，鸡吃到含有似囊尾蚴的中间宿主而被感染，似囊尾蚴经2～3周的时间发育为成虫，寄生于小肠内。

3.22.3　流行病学

各品种鸡均可感染，火鸡、雉鸡、珍珠鸡、孔雀等也可感染。各种年龄的鸡均能感染，17～40日龄的雏鸡易感性最强，死亡率也最高。鸡采食蚂蚁、家蝇、甲虫、蜗牛、蚯蚓等绦虫的中间宿主，中间宿主在鸡肠道被消化，同时似囊尾蚴被放出，寄生于鸡肠道并发育为成虫。鸡可能同时感染多种绦虫。饲养过患病鸡的运动场，是传播该病的主要场所。本病的流行以每年的6～10月为主。

3.22.4　临床表现

病鸡精神委顿，运动迟钝，渐进性消瘦，鸡冠苍白，羽毛污秽，腹泻，粪便中含有臭的黏液，并常带有血色；后期部分鸡因绦虫分泌的毒素中毒，表现四肢无力、麻痹而死亡。

3.22.5 剖检变化

剖检见肠黏膜肥厚，有出血点，肠腔内见数量不等、长度不一的虫体（图3-88、图3-89、视频3-18），有时甚至堵塞肠腔。

视频3-18

［扫码观看：绦虫病（江斌 供）］

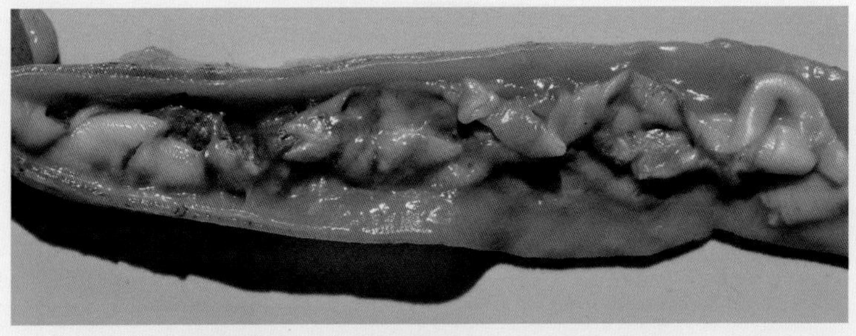

图3-88 肠腔内充满虫体（程龙飞 供图）

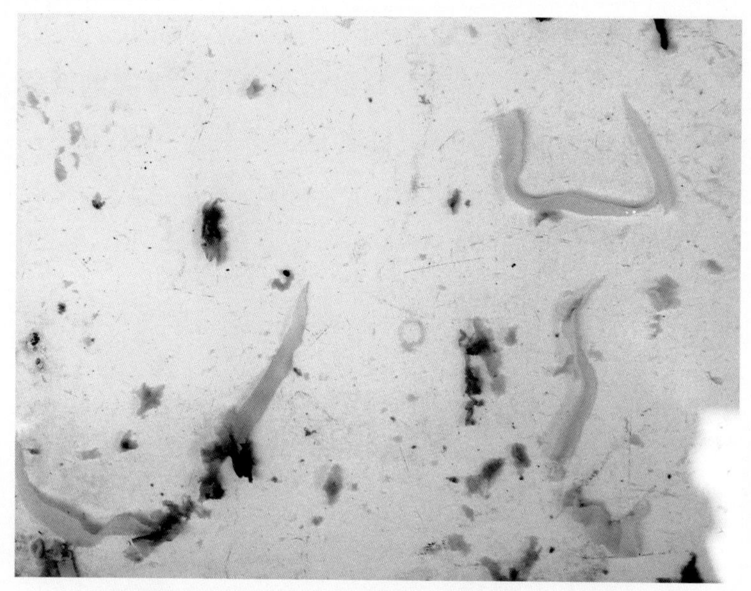

图3-89　肠内容物漂洗后的绦虫虫体（程龙飞 供图）

3.22.6　诊断

采集新鲜的粪便，用少量水稀释后检查，见到米粒大小、白色、长方形的节片，或在鸡肠道内发现面条样白色虫体即可做出确诊。

3.22.7　防治

鸡绦虫的生活史中必须要有中间宿主参与，预防和控制鸡绦虫病的关键是消灭中间宿主，切断其生活史，或使鸡群避开中间宿主。对绦虫流行地区，应定期驱虫，驱虫后的粪便堆积发酵处理，以保证雏鸡不感染绦虫病。当发生绦虫病时，必须进行全群驱虫，常用的驱虫药有阿苯达唑和氯硝柳胺等。

3.23 组织滴虫病

3.23.1 概述

鸡组织滴虫病是由组织滴虫寄生于鸡的盲肠和肝脏并引起病变的一种寄生虫病，因主要损伤肝脏和盲肠，也称为“盲肠肝炎”。发病后期引起血液循环障碍，使病鸡头部皮肤呈紫色或紫黑色，又称为“黑头病”。

3.23.2 组织滴虫的特点及生活史

组织滴虫是一种很小的原虫，肉眼无法看见，以二分裂法繁殖。它有两种形态，一种寄生在细胞里，称为组织型原虫，呈圆形或卵圆形，没有鞭毛；另一种

寄生在盲肠腔内，称为肠腔型原虫，虫体不规则，有一根能运动的鞭毛。虫体随粪便排出体外，对外界环境的抵抗力不强，能存活15天左右，如果被鸡食入则引起感染。当异刺线虫和组织滴虫同时寄生于鸡的盲肠时，组织滴虫能侵入异刺线虫体内，在其卵巢中繁殖并进入其虫卵。异刺线虫卵中的组织滴虫在卵壳的保护下，对外界环境中不利因素的抵抗能力大大增强，能存活2～3年。异刺线虫卵在环境适宜时发育为感染性虫卵，被鸡食入后，其中的异刺线虫和组织滴虫就侵入鸡体，开始寄生生活；被蚯蚓食入后，其中的异刺线虫在蚯蚓体内孵化为幼虫，组织滴虫仍在幼虫体内，如果鸡食入该蚯蚓，也能感染异刺线虫和组织滴虫。蚯蚓不是组织滴虫的中间宿主，但起到了“保护伞”的作用，充当机械性传播的媒介。除蚯蚓外，苍蝇、蚱蜢、土鳖虫和蟋蟀等节肢动物也可以扮演这一角色。

3.23.3　流行病学

在我国鸡组织滴虫病常零星散发，但却是各地普遍发生的常见原虫病。除鸡外，火鸡、鹧鸪、孔雀、珍珠鸡、山地鸡等也可感染。2～4月龄的鸡感染后发病严重，成年鸡一般带虫，不表现症状。本病一年四季均可发生，主要发生在春末到秋初潮湿温暖的这段时间。鸡舍卫生环境差，可隐藏蚯蚓的场地及野外放养的鸡群更易发生本病。鸡异刺线虫，蚯蚓和蚱蜢等节肢动物在本病的传播中起重要作用。鸡采食了组织滴虫、含有组织滴虫的异刺线虫虫卵、摄入含有组织滴虫的异刺线虫卵的蚯蚓和蚱蜢等节肢动物，均可感染组织滴虫，感染后组织滴虫钻入盲肠壁繁殖，然后进入血液随血流至肝脏，一般感染后7～15天开始表现临床症状。

3.23.4　临床表现

病鸡精神不振、食欲减退、羽毛松乱、两翅下垂，行走如踩高跷步态，腹泻，排金黄色或硫黄色粪便，严重病鸡排带血粪便。后期病鸡严重贫血，消瘦，病鸡头部皮肤和鸡冠呈紫色或黑色。

3.23.5　剖检变化

主要病变在肝脏和盲肠，肝脏肿大，呈紫褐色，表面出现黄色或黄绿色的局限性圆形、下陷的病灶（图

3-90、图3-91），豆粒至指头大。盲肠壁增厚，内有黄绿色、干酪样或血样渗出物（图3-92），后期变成干酪样肠芯。

图3-90　肝脏上的圆形病灶（程龙飞 供图）

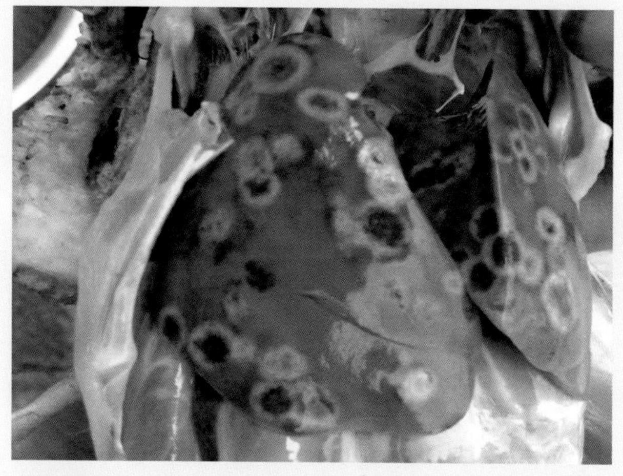

图3-91　肝脏上的局限性下陷的病灶（刘荣昌 供图）

图3-92　盲肠壁增厚，内有血样渗出物（程龙飞 供图）

3.23.6　诊断

根据剖检病变特征，较容易做出初步诊断。实验室确诊须采集盲肠内容物，直接镜检或培养后镜检。

3.23.7　防治

雏鸡饲养在清洁而干燥的鸡舍内，且尽量采用网上饲养，不让雏鸡接触地面，以避免感染本病。定期应用驱线虫药，减少鸡体内的异刺线虫，可以降低感染

组织滴虫的风险。地美硝唑可用于治疗鸡的组织滴虫病，饲喂硝苯砷酸可用于预防本病。

3.24 住白细胞虫病

3.24.1 概述

鸡住白细胞虫病是由多种住白细胞原虫寄生于鸡的红细胞或白细胞内引起的一种急性原虫病。病鸡的鸡冠呈苍白色，故又称“鸡白冠病”。本病对雏鸡危害严重，发病率高，症状明显，常引起大批死亡。近年来本病在我国较多地区暴发流行，尤其是广东、广西两地更是严重，对养鸡业的危害日益严重。

3.24.2 住白细胞虫的特点及生活史

禽住白细胞原虫有多种，危害鸡的住白细胞虫主要有两种，即卡氏住白细胞原虫和沙氏住白细胞原虫，其中以卡氏住白细胞原虫的分布更广、危害更大。卡氏住白细胞原虫的生活史需要鸡和库蠓的共同参与。

带虫的库蠓叮咬健康鸡时，唾液腺中的卡氏住白细胞原虫的子孢子进入鸡体内，在血管内皮细胞内寄生，进行第一代裂殖生殖，破坏血管内皮细胞；发育成熟的裂殖体进入血液，随血流到全身各部位进行第二代裂殖生殖，破坏全身大部分器官和组织；随后虫体进入红细胞或白细胞开始配子生殖，破坏血细胞并发育成为雌、雄配子体。库蠓叮咬感染鸡吸血时，鸡血液中的雌、雄配子体进入库蠓体内，发育成为雌、雄配子，二者结合形成合子，最后形成卵囊，成熟的卵囊内含有大量的子孢子并聚集于库蠓的唾液腺中。卡氏住白细胞原虫在鸡体内的发育需25天左右，在库蠓体内的发育时间约为2～7天。沙氏住白细胞原虫的传播媒介是蚋，其生活史与卡氏住白细胞原虫相似。

3.24.3 流行病学

当气温在20℃以上时，各种库蠓和蚋开始活跃，本病的发生也多见。在热带和亚热带地区，本病终年发生，以6～8月份为发病高峰期。本地品种的鸡对住白细胞虫病的抵抗力比外来品种的强。各日龄的鸡均可感染本病，8月龄以下的鸡，感染率低，发病率和死亡率高，以3～6周龄的小鸡发生最多，发病率和死亡

率可高达30% ～ 80%；8月龄以上的鸡，感染率高，发病率却低，多为带虫者。

3.24.4　临床表现

贫血和消瘦是本病的重要临床表现。病鸡精神沉郁、食欲不振、流口水、羽毛松乱，鸡冠苍白（图3-93）、运动失调或卧地不动。急性病例扇动翅膀，突然抽搐倒毙，死前口流鲜血。成年鸡感染后病情较轻，体重下降，鸡冠苍白，消瘦，排绿色或白绿色水样粪便。产蛋鸡产蛋率下降甚至停产，蛋壳颜色发白，软壳蛋较多。

图3-93　病鸡鸡冠苍白（江斌 供图）

3.24.5 剖检变化

全身性出血和广泛分布的由裂殖体聚集形成的小结节是主要的病变特点。剖检病死鸡，肌肉苍白，全身皮下出血，肌肉出血，内脏器官广泛出血，以肺脏、肝脏和肾脏（图3-94）最为常见，腹腔积血水，整个肠道黏膜、浆膜充血（视频3-19）。胸肌（图3-95）、腿肌、心肌（图3-96）、肝脏、脾脏、胰腺（图3-97）、输卵管（图3-98）等器官内及表面，广泛分布大量灰白色或暗红色、针头大至粟粒大的小结节。

视频3-19

［扫码观看：住白细胞虫病（江斌　供）］

图3-94　肾脏出血（江斌 供图）

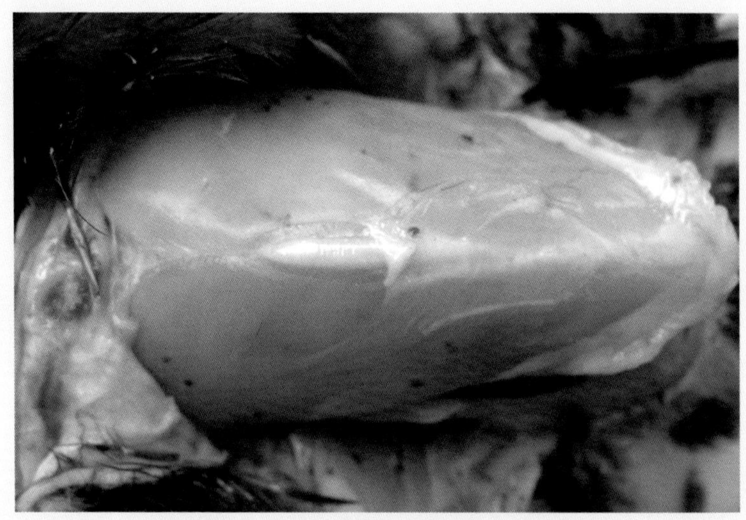

图3-95　胸肌的暗红色结节（江斌 供图）

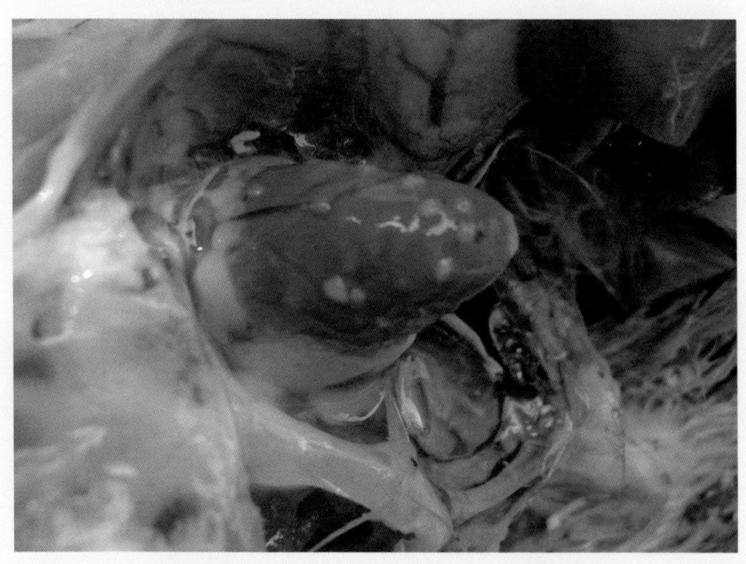

图3-96　心脏表面的结节（江斌 供图）

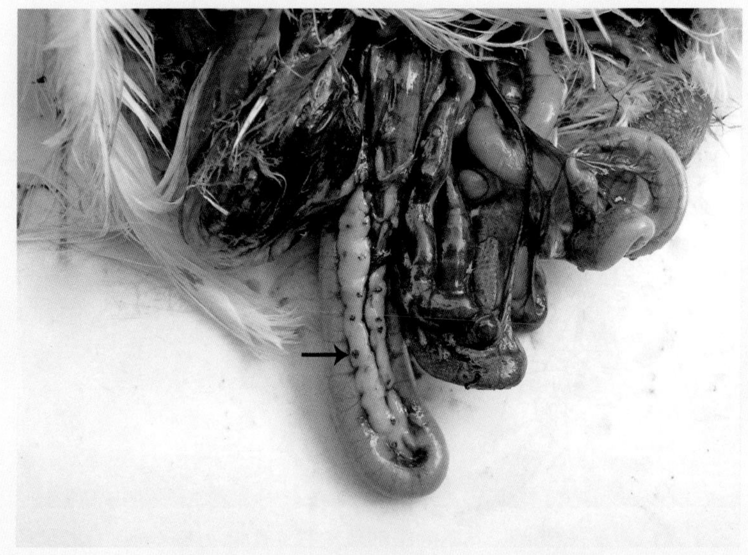

图3-97　胰腺表面的结节（江斌 供图）

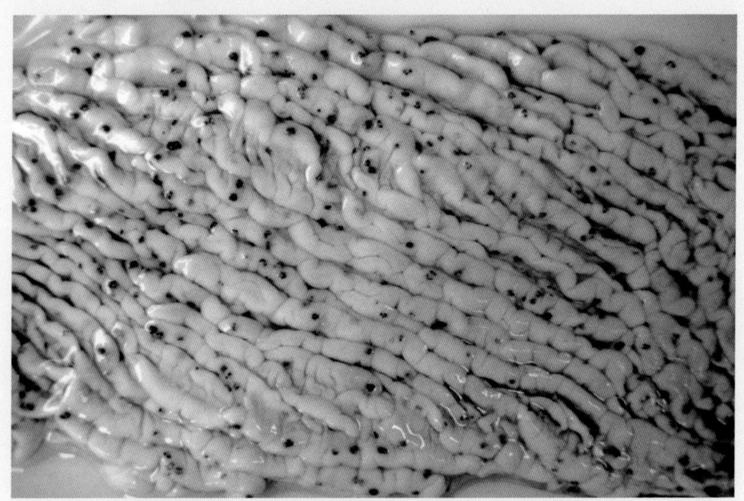

图3-98　输卵管黏膜面的结节（江斌 供图）

3.24.6　诊断

根据发病的季节性特征、临床表现、肌肉及各内脏器官的表面有灰白色或黄白色、针头大至粟粒大的小结节，较易做出初步诊断。确诊需制备病鸡的血液涂片或组织压片，借助显微镜检查配子体或裂殖体。

3.24.7　防治

鸡住白细胞虫病的传播与库蠓和蚋的活动密切相关，消灭这些媒介昆虫是防治本病的重要环节。防止库蠓和蚋进入鸡舍，在媒介昆虫流行季节用杀虫药定期对鸡舍及周围环境进行喷雾灭虫。用于治疗鸡住白细胞虫病的药物较多，一般的抗球虫药都有一定的效果。当用药物进行治疗时，一定要注意及时用药，治疗越早越好，效果较好的药物有磺胺间甲氧嘧啶钠等。

3.25 肉鸡腹水综合征

3.25.1 概述

肉鸡腹水综合征是快速生长的幼龄肉鸡以右心肥大、扩张及腹腔内积聚浆液性黄色液体为特征，并伴有明显的心、肺、肝脏等内脏器官病理性损伤的一种非传染性疾病。在肉鸡养殖业中，肉鸡腹水综合征所造成的死亡率约占全部死亡率的25%，该病已成为危害全世界肉鸡养殖业的重要疾病之一。本病多发生于2～3周龄的快速生长的肉用仔鸡，冬春季节发生较多。

3.25.2 病因

引起肉鸡腹水综合征的病因较复杂，主要有遗传因素、原发因素和继发因素三大类。

3.25.2.1 遗传因素

快速生长型肉鸡更易发生本病（如艾维茵鸡、罗斯

鸡等），艾维茵鸡的发病率高于其他品种，且肉用公鸡的发病率较母鸡高。

3.25.2.2　原发因素

肉鸡腹水综合征的发生与肉仔鸡所处的环境缺氧密切相关（如高海拔地区、未处理好保温与通风的关系、采用煤炉保温使氧气浓度低）。由于肉鸡本身的快速生长和高代谢率对氧的需要增加，当环境中缺氧时，就为本病的发生创造了条件。另外，饲喂高能量、高蛋白的饲料也会增加本病的发生。

3.25.2.3　继发因素

病原微生物感染、中毒、维生素和微量元素缺乏等都可增加本病的发生。

3.25.3　临床表现

病鸡精神不振、食欲减少、走路摇摆，腹部膨胀、皮肤呈红紫色、触摸有波动感，呼吸困难。病鸡不愿站立，以腹部着地，行动缓慢，似企鹅状运动，体温正常。

3.25.4 剖检变化

病死鸡全身明显淤血，剖检腹腔充满清亮、淡黄色、半透明的液体（图3-99），腹水中混有纤维素凝块。肝脏充血、肿大，呈紫红色，有的病例见肝脏萎缩变硬，表面凹凸不平，有的肝脏表面有纤维素性渗出物。心包膜增厚，心包积液，右心肥大，右心室扩张、柔软。肺脏弥漫性充血或水肿，副支气管充血。胃肠显著瘀血。肾脏充血、肿大，有尿酸盐沉着。

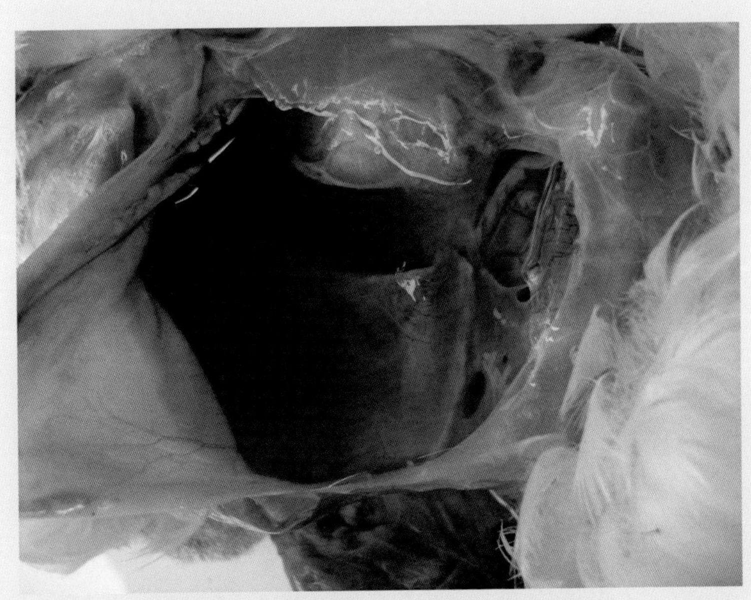

图3-99 腹腔积液，肝脏肿大（江斌 供图）

3.25.5 诊断

根据病史、临床表现和典型的剖检变化可做出诊断。

3.25.6 防治

进行抗病育种，选育对缺氧或肉鸡腹水综合征都有耐受性的品系；实行合理的早期限食，能有效地降低肉鸡腹水综合征的发病率和死亡率；加强饲养管理，为肉鸡群的生长提供一个良好的生活环境；妥善处理好保温与通风的矛盾。对已发病鸡群可以选择应用西药来降低发病的严重程序，如：氢氯噻嗪（呋塞米）0.015%拌料，每天2次，连用3天；或者1%碳酸氢钠拌料；或者每升饮水中添加1克碳酸氢钾；或者每千克体重添加脲酶抑制剂125毫克拌料。

3.26 脂肪肝

3.26.1 概述

鸡脂肪肝是一种由于肝脏沉积大量脂肪而引起的肝

脏变脆、易破裂进而导致内脏出血死亡的营养代谢病。该病是集约化蛋鸡场中的一种常见病。

3.26.2 病因

饲料因素是本病的主要原因。长期饲喂高能量日粮，同时饲料中的胆碱、维生素E、蛋氨酸、维生素B等营养成分不足，均能导致肝脏中大量中性脂肪沉积而发病。此外，饲料中含有一些有毒物质（如黄曲霉毒素）、变质的脂肪、鸡群密度过大、活动空间小、高产母鸡雌激素水平过高等因素也会导致脂肪肝的发生。

3.26.3 临床表现

体况良好，体重超标。群体产蛋率略有下降。喜卧，腹部大而下垂。受到不良应激时易发生猝死，死后鸡冠苍白（图3-100），在夏天遇到热应激时，死亡率更高。

3.26.4 剖检变化

体腔内各器官均贮存大量脂肪，其中以腹下脂肪最

图3-100　鸡冠苍白（江斌 供图）

为明显。肝脏肿大并呈黄色油腻状、质脆（图3-101）。自然死亡鸡常见肝脏破裂，且在肝脏上或腹腔内可见血凝块（图3-102、视频3-20）。病理切片可见肝脏细胞周围充满脂肪滴。

视频3-20

［扫码观看：脂肪肝（江斌　供）］

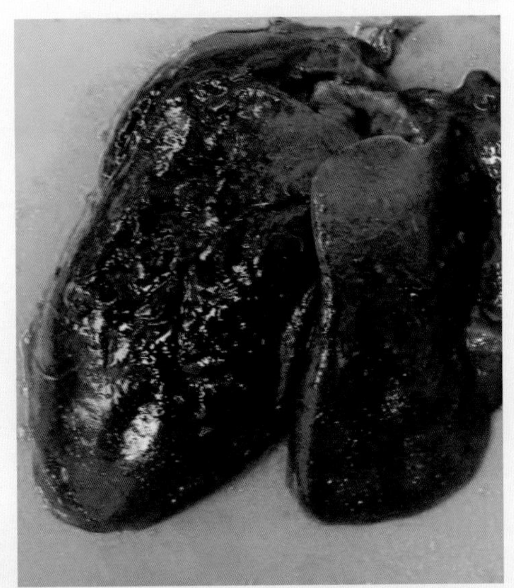

图3-101　肝脏肿大、油腻状（江斌 供图）

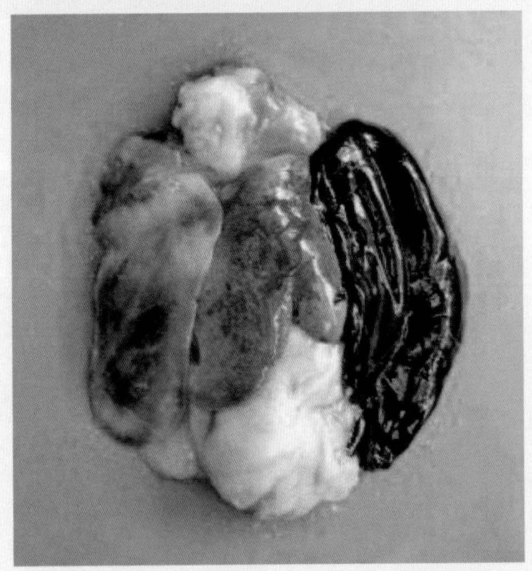

图3-102　肝脏破裂出血（江斌 供图）

3.26.5　诊断

根据临床表现和病理变化可做出初步诊断。必要时对血液中胆固醇、总脂、雌激素等指标进行化验，病鸡的相应指标均比正常鸡有不同程度的升高。

3.26.6　防治

要降低日粮中能量水平，适当提高粗蛋白水平，同时要增加添加剂中多种维生素和氯化胆碱的含量，使鸡体重控制在正常范围内。此外，控制好鸡群密度、减少各种不良应激会降低本病的死亡率。

3.27　痛风

3.27.1　概述

鸡痛风又称鸡肾功能衰竭症、尿酸盐沉积症或尿石症，是指由多种原因引起的血液中蓄积过量尿酸盐不能被迅速排出体外而引起的高尿酸血症。其病理特征为血液尿酸水平增高，尿酸盐在关节囊、关节软骨、

内脏、肾小管及输尿管和其它间质组织中沉积。临床上可分为内脏型痛风和关节型痛风。主要临床表现为厌食、衰竭、腹泻、腿翅关节肿胀、运动迟缓、产蛋率下降和死亡率上升。近年来本病的发生有增多趋势，已成为常见鸡病之一。

3.27.2 病因

引起痛风的原因较为复杂，归纳起来可分为两大类，一是体内尿酸生成过多，二是机体尿酸排泄障碍，后者可能是尿酸盐沉着症中的主要原因。

3.27.2.1 引起尿酸生成过多的因素

（1）饲料因素

大量饲喂富含核蛋白和嘌呤碱的蛋白质饲料。如大豆、豌豆、鱼粉、动物内脏等。

（2）缺乏能量补充或疾病因素

当鸡极度饥饿又得不到能量补充或患有重度消耗性疾病（如淋巴白血病）。

3.27.2.2 引起尿酸排泄障碍的因素

（1）传染性因素

凡具有嗜肾性、能引起肾脏机能损伤的病原微生

物，如腺病毒、败血性霉形体、沙门菌、组织滴虫等可引起肾炎、肾脏损伤，造成尿酸盐的排泄受阻。

（2）非传染性因素

① 营养性因素：日粮中长期缺乏维生素A；饲料中含钙太多，含磷不足，或钙、磷比例失调引起钙异位沉着；食盐过多，饮水不足等。

② 中毒性因素：嗜肾性化学毒物、药物、霉菌毒素；某些重金属如汞、铅等蓄积在肾脏内引起肾病；草酸含量过多的饲料，因饲料中草酸盐可堵塞肾小管或损伤肾小管；磺胺类药物中毒，引起肾脏损害和结晶的沉淀；霉菌毒素可直接损伤肾脏，引起肾脏机能障碍并导致痛风等。

饲养在潮湿和阴暗的场所、运动不足、年老、纯系育种、受凉、孵化时湿度太大等因素皆可能成为本病发生的诱因。

3.27.3　临床表现

本病多呈慢性经过，其一般症状为病鸡食欲减退，逐渐消瘦，冠苍白，不自主地排出白色石灰水样稀粪，含有多量尿酸盐（图3-103）。成年禽产蛋量减少或停止。临床上可分为内脏型痛风和关节型痛风。

图3-103 病鸡排出的白色石灰水样稀粪（孙卫东 供图）

3.27.3.1 内脏型痛风

本病型多见，但临床上通常不易被发现。病鸡多为慢性经过，表现为食欲下降、鸡冠泛白、贫血、脱羽、生长缓慢、粪便呈白色石灰水样，泄殖腔周围的羽毛常被污染。多因肾脏功能衰竭，呈现零星或成批的死亡。注意该型痛风因原发性致病原因不同，其原发性症状也不一样。

3.27.3.2　关节型痛风

多见于跗关节、趾关节，也可侵害翅关节。表现为关节肿胀，起初软而痛，界限多不明显，以后肿胀部逐渐变硬、微痛，形成不能移动或稍能移动的结节，结节有豌豆大或蚕豆大小。病程稍久，结节软化或破裂，排出灰黄色干酪样物。局部形成出血性溃疡。病鸡往往蹲坐或呈独肢站立姿势，行动迟缓，跛行。

3.27.4　剖检变化

3.27.4.1　内脏型痛风

病死鸡剖检见尸体消瘦，肌肉呈紫红色，皮下、大腿内侧肌肉有白色灰粉样尿酸盐沉着（图3-104）；打开腹腔见整个腹腔的脏器浆膜表面有尿酸盐沉积（图3-105），特别是在心包腔内（图3-106）、肝脏（图3-107）、胆囊（图3-108）、脾脏、腺胃、肌胃、胰腺、肠管和肠系膜（图3-109）、睾丸（图3-110）等内脏器官的浆膜表面覆盖一层石灰样粉末或薄片状的尿酸盐；有的胸骨内壁有灰白色的尿酸盐沉积（图3-111）；肾脏肿大、色淡，有白色花纹（俗称“花斑肾”），输尿管变粗（图3-112），严重者如同筷子粗细，此为尿酸盐结晶。

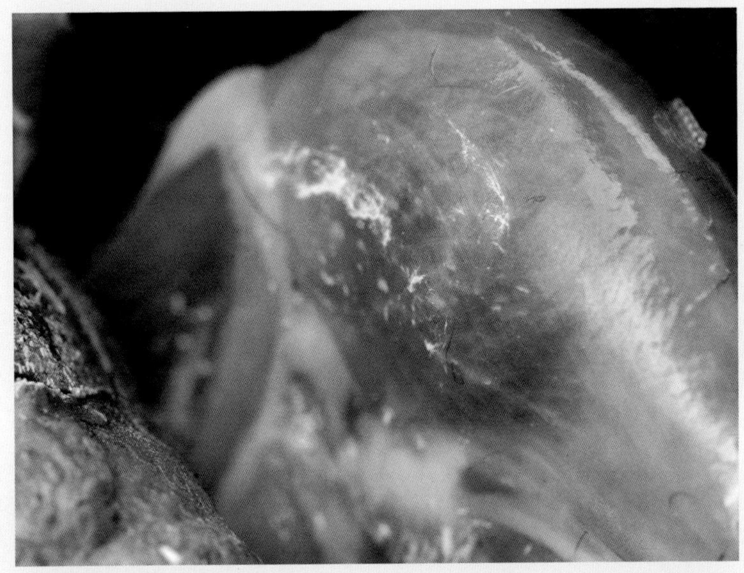

图3-104　病鸡腿部肌肉有灰白色的尿酸盐沉着（程龙飞 供图）

图3-105　病鸡的心包、肝脏、腹腔浆膜表面有灰白色的尿酸盐沉积（程龙飞 供图）

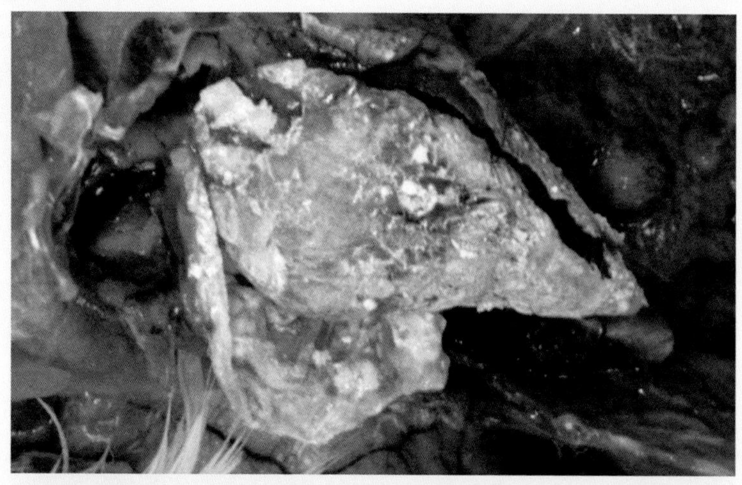

图3-106　病鸡心包腔内有灰白色的尿酸盐沉积（孙卫东 供图）

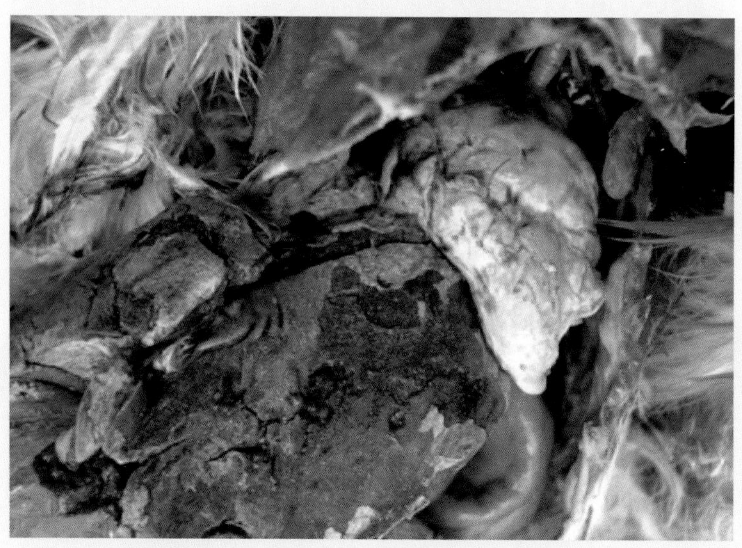

图3-107　病鸡心包内及肝脏表面有灰白色的尿酸盐沉积（孙卫东 供图）

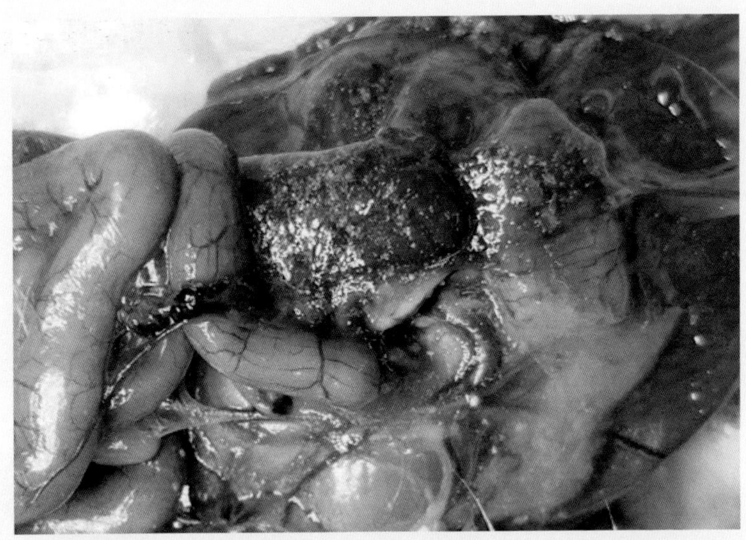

图3-108 病鸡胆囊内有灰白色的尿酸盐沉积（吕英军 供图）

图3-109 病鸡肠管及肠系膜表面有灰白色的尿酸盐沉积（孙卫东 供图）

图3-110　病鸡睾丸表面有灰白色的尿酸盐沉积（程龙飞 供图）

图3-111　病鸡胸骨内壁有灰白色的尿酸盐沉积（程龙飞 供图）

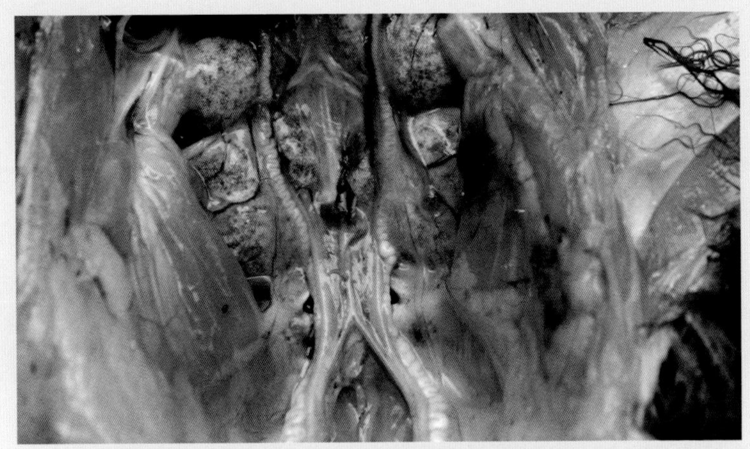
图3-112 病鸡肾脏肿大，内有尿酸盐结晶，呈花斑样，输尿管变粗（程龙飞 供图）

3.27.4.2 关节型痛风

切开病死鸡肿胀的关节，可见白色黏稠的尿酸盐沉着（图3-113），滑液含有大量由尿酸、尿酸铵、尿酸钙形成的结晶，沉着物常常形成一种所谓“痛风石”。有的病例见关节面及关节软骨组织发生溃烂、坏死。

3.27.5 诊断

根据症状、病理变化可做出初步诊断，确诊需要进行饲料的成分分析以及相关病原的分离和鉴定。该病排出石灰水样稀粪、肾脏有尿酸盐沉积、呈“花斑

图3-113 病鸡跗关节内尿酸盐沉着（程龙飞 供图）

肾”，与鸡传染性法氏囊病和肾型传染性支气管炎相似，应注意区别。

3.27.6 防治

因代谢性碱中毒是鸡痛风重要的诱发因素，因此日粮中添加一些酸制剂（蛋氨酸、硫酸铵、氯化铵等）可降低此病的发病率。日粮中钙、磷和粗蛋白的允许量应该满足需要量但不能超过需要量。此外，保证饲料不被霉菌污染，保证不断水等，也是预防该病的重要措施。

目前尚没有特别有效的治疗方法。可试用阿托方

（又名苯基喹啉羟酸）增强尿酸的排泄以减少体内尿酸的蓄积和关节疼痛，别嘌呤醇（7-碳-8-氯次黄嘌呤）可减少尿酸的形成。对患病家禽使用各种类型的肾肿解毒药，可促进尿酸盐的排泄，对家禽体内电解质平衡的恢复有一定的作用。治疗的同时，加强护理，减少喂料量，比平时减少20%，连续5天，并同时补充青绿饲料，多饮水，以促进尿酸盐的排出。

3.28 维生素A缺乏症

3.28.1 概述

维生素A缺乏症是由于日粮中维生素A供应不足或吸收障碍而引起的以鸡生长发育不良、器官黏膜损害、上皮角化不全、视觉障碍、产蛋率和孵化率下降、胚胎畸形等为特征的一种营养代谢性疾病。

3.28.2 病因

日粮中缺乏维生素A或胡萝卜素（维生素A原）；饲料贮存、加工不当，导致维生素A缺乏；日粮中蛋

白质和脂肪不足，导致鸡发生功能性维生素A缺乏症。此外，胃肠吸收障碍，发生腹泻或其它疾病，使维生素A消耗或损失过多；肝病使其不能利用及贮存维生素A，均可引起维生素A缺乏。

3.28.3　临床表现

雏鸡和初产蛋鸡易发生维生素A缺乏症。鸡一般发生在6～7周龄。若1周龄的苗鸡发病，则与种鸡缺乏维生素A有关。成年鸡通常在2～5个月内出现症状。

雏鸡主要表现精神委顿，衰弱，运动失调，羽毛松乱，生长缓慢，消瘦；流泪，眼睑内有干酪样物质积聚，常将上下眼睑粘在一起（图3-114），角膜混浊、不透明（图3-115），严重的角膜软化或穿孔，失明；喙和小腿部皮肤的黄色消退，趾关节肿胀，脚垫粗糙、增厚（图3-116）；有些病鸡受到外界刺激即可引起阵发性的神经症状，作圆圈式扭头并后退和惊叫，病鸡在发作的间隙期尚能采食。青年鸡或成年鸡脚鳞颜色变淡，趾间皮肤有损伤（图3-117）。成年鸡发病呈慢性经过，主要表现为食欲不佳，羽毛松乱，消瘦，爪、喙色淡，冠白有皱褶，趾爪粗糙，两肢无力，步态不稳，往往用尾支地。母鸡产蛋量和孵化率降低，血斑蛋增加。公鸡性机能降低，精液品质下降。病鸡的呼吸道和消化道黏膜受损，易感染多种病原微生物，使死亡率增加。

图3-114 病鸡流泪（左），眼睑肿胀、粘连（右）（孙卫东 供图）

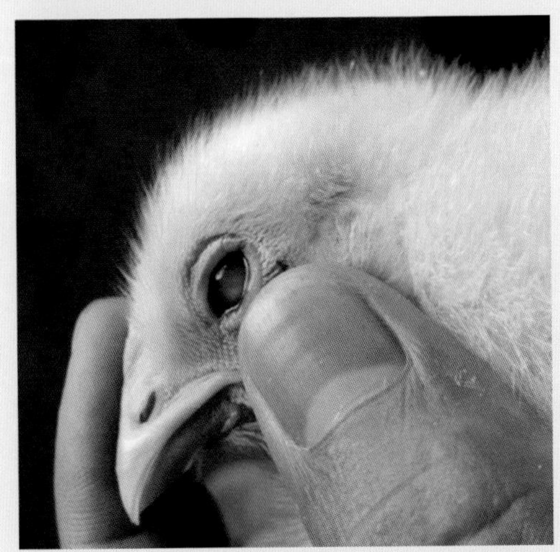

图3-115 病鸡眼睑肿胀，角膜混浊、不透明（孙卫东 供图）

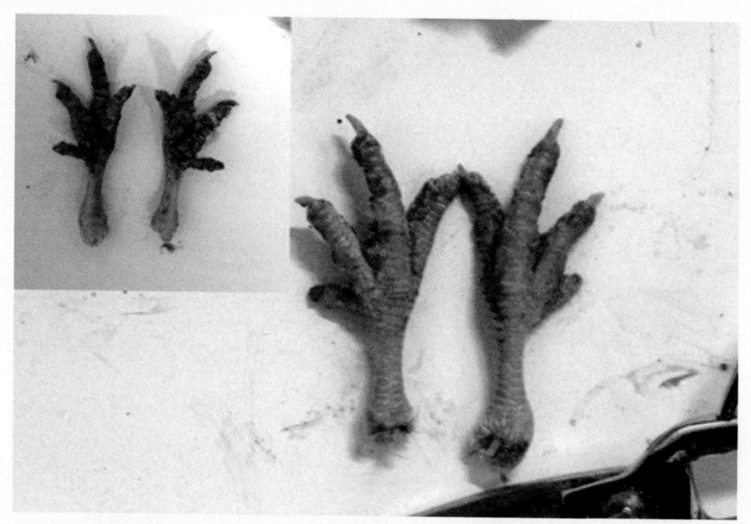

图3-116　病雏腿部鳞片褪色，趾关节肿胀，脚垫粗糙、增厚（左上角小图）（孙卫东 供图）

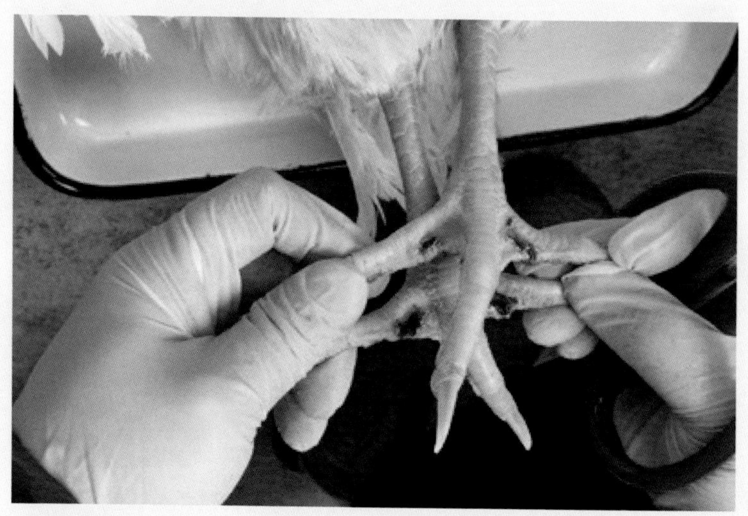

图3-117　病鸡脚鳞颜色变淡，趾间皮肤有损伤（孙卫东 供图）

3.28.4 剖检变化

病/死鸡口腔、咽喉和食道黏膜过度角化，有时从食道上端直至嗉囊入口有散在粟粒大白色结节或脓疱（图3-118），或覆盖一层白色的豆腐渣样的薄膜。呼吸道黏膜被一层鳞状角化上皮代替，鼻腔内充满水样分泌物，液体流入鼻旁窦后，导致一侧或两侧颜面肿胀，泪管阻塞或眼球受压，视神经损伤，严重病例角膜穿孔。肾脏呈灰白色，肾小管和输尿管充塞着白色尿酸盐沉积物（图3-119）。有的病鸡心包、肝脏和脾脏表面有时可见尿酸盐沉积（图3-120）。

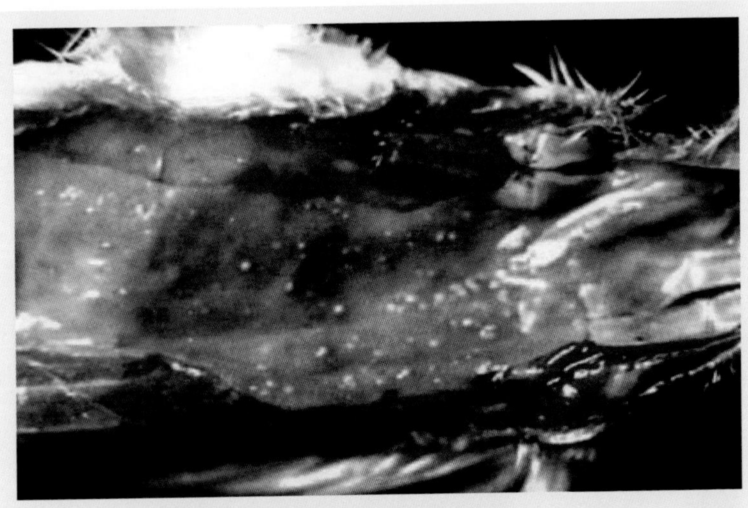

图3-118　病鸡食道黏膜有散在粟粒大白色结节或脓疱（孙卫东 供图）

图3-119 病鸡输尿管有明显的白色尿酸盐沉积（孙卫东 供图）

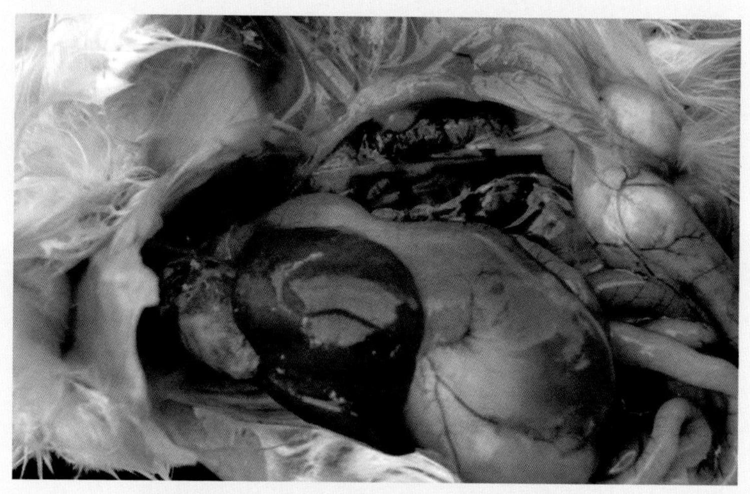

图3-120 病鸡心包等内脏表面有明显的白色尿酸盐沉积（孙卫东 供图）

3.28.5 诊断

根据症状、病理变化和饲料化验分析的结果即可建立诊断。本病的眼部病变应与氨气中毒相鉴别，雏鸡的肾脏损伤应与雏鸡的供水不足引起的肾脏损伤相区别。

3.28.6 防治

预防首先应根据鸡的生长与产蛋不同阶段的营养要求特点，添加足量的维生素A，以保证其生理、产蛋、抗应激和抗病的需要。其次应调节维生素、蛋白质和能量水平，以保证维生素A的吸收和利用；如硒和维生素E，可以防止维生素A遭氧化破坏，蛋白质和脂肪能有利于维生素A的吸收和贮存，如果这些物质缺乏，即使日粮中有足够的维生素A，也可能发生维生素A缺乏症。再次，饲料最好现配现喂，合理保存，避免维生素A或胡萝卜素被氧化。最后，完善饲喂制度，加强胃肠道疾病的防控并加强种鸡维生素A的监测等。

治疗时，可投服鱼肝油，每只鸡每天喂1～2毫升，雏鸡则酌情减少。对发病鸡所在的鸡群，在每千克饲料中拌入2000～5000国际单位（1国际单位≈0.3

微克）的维生素A；或在每千克配合饲料中添加精制鱼肝油15毫升，连用10～15天；或补充含有抗氧化剂的高含量维生素A的食用油，每千克日粮约补充维生素A 11000国际单位。对于病重的鸡应口服鱼肝油丸（成年鸡每天可口服1粒）或滴服鱼肝油数滴，也可肌内注射维生素AD注射液，每只0.2毫升。其眼部病变可用2%～3%的硼酸溶液进行清洗，并涂以抗生素软膏。在短期内给予大剂量的维生素A，对急性病例疗效迅速而安全，但慢性病例不可能完全康复。

3.29　维生素B_1缺乏症

3.29.1　概述

维生素B_1分子中含有硫和氨基，故又称硫胺素。维生素B_1缺乏，会引起鸡碳水化合物代谢障碍及神经系统病变。

3.29.2　病因

大多数常用饲料中硫胺素均很丰富，特别是禾谷

类籽实的加工副产品糠麸以及饲用酵母中每千克含量可达7～16毫克。植物性蛋白质饲料每千克约含3～9毫克。所以家禽实际应用的日粮中都含有充足的硫胺素，无需补充。然而，鸡仍有硫胺素缺乏症发生，其主要是由于日粮中硫胺素遭受破坏（如饲粮被蒸煮加热、碱化处理）所致。此外，日粮中含有硫胺素拮抗物质而使硫胺素缺乏，如日粮中含有蕨类植物，球虫抑制剂氨丙啉，某些植物、真菌、细菌产生的拮抗物质，均可能使硫胺素缺乏而致病。

3.29.3 临床表现

雏鸡对硫胺素缺乏十分敏感，饲喂缺乏硫胺素的饲粮后约经10天即可出现多发性神经炎症状。病鸡表现为突然发病，蹲坐在其屈曲的腿上，头缩向后方呈现特征性的“观星”姿势。由于腿麻痹不能站立和行走，病鸡以跗关节和尾部着地，坐在地面或倒地侧卧，严重时会突然倒地，抽搐死亡（图3-121、视频3-21）。

视频3-21

［扫码观看：维生素B_1缺乏症（孙卫东　供）］

图3-121　鸡维生素B_1缺乏时的临床表现（孙卫东 供图）

（a）病鸡以跗关节和尾部着地；（b）病鸡头后仰、以翅支撑；（c）病鸡头后仰、脚趾离地；（d）病鸡倒地、抽搐

成年鸡硫胺素缺乏约3周后才出现临床症状。病初食欲减退，生长缓慢，羽毛松乱无光泽，腿软无力，步态不稳。以后神经症状逐渐明显，开始是脚趾的屈肌麻痹，随后向上发展，其腿、翅膀和颈部的伸肌明显出现麻痹。有些病鸡出现贫血和腹泻。体温下降至35.5℃。呼吸率呈进行性减少。衰竭死亡。种蛋孵化率降低，死胚增加，有的因无力破壳而死亡。

3.29.4 剖检变化

病/死雏鸡的皮肤呈广泛水肿，其水肿的程度取决于肾上腺的肥大程度。肾上腺肥大，雌鸡比雄鸡更为明显，肾上腺皮质部的肥大比髓质部更大一些。心脏轻度萎缩，右心可能扩大，肝脏呈淡黄色，胆囊肿大。肉眼可观察到胃和肠壁的萎缩，而十二指肠的肠腺（利贝昆氏腺）扩张。

3.29.5 诊断

根据症状，病理变化，病鸡血、尿、组织及饲料中维生素B_1的含量即可建立诊断。

3.29.6　防治

饲养标准规定，每千克饲料中维生素B_1含量为：肉用仔鸡和0～6周龄的育成蛋鸡1.8毫克，7～20周龄鸡1.3毫克，产蛋鸡和母鸡0.8毫克。注意按标准饲料搭配和合理调制，就可以防止维生素B_1缺乏症。注意日粮配合，添加富含维生素B_1的糠麸、青绿饲料或添加维生素B_1。对种鸡要监测血液中丙酮酸的含量，以免影响种蛋的孵化率。某些药物（抗生素、磺胺药、球虫药等）是维生素B_1的拮抗剂，不宜长期使用，若用药应加大维生素B_1的用量。天气炎热，鸡对维生素B_1需求量高，应额外补充维生素B_1。

发病严重者，可给病鸡口服维生素B_1，在数小时后即可见到疗效。由于维生素B_1缺乏可引起严重的厌食，因此在急性缺乏尚未痊愈之前，在饲料中添加维生素B_1的治疗方法是不可靠的，所以要先口服维生素B_1，然后再在饲料中添加。雏鸡的口服量为每只每天1毫克，成年鸡每只内服量为每千克体重2.5毫克。对神经症状明显的病鸡应肌内或皮下注射维生素B_1注射液，雏鸡每次1毫克，成年鸡每次5毫克，每天1～2次，连用3～5天。

3.30 维生素B_2缺乏症

3.30.1 概述

维生素B_2是由核醇与二甲基异咯嗪结合构成的，由于异咯嗪是一种黄色色素，故又称之为核黄素。维生素B_2缺乏症是由于饲料中维生素B_2缺乏或被破坏引起鸡体内黄素酶形成减少，导致物质代谢性障碍，临床上以足趾向内蜷曲、飞节着地、两腿瘫痪为特征的一种营养代谢病。

3.30.2 病因

常用的禾谷类饲料中维生素B_2特别贫乏，每千克不足2毫克。所以，肠道比较缺乏微生物的鸡，又以禾谷类饲料为食，若不注意添加维生素B_2易发生缺乏症。核黄素易被紫外线、碱及重金属破坏。另外还要注意，饲喂高脂肪、低蛋白日粮时核黄素需要量增加；种鸡比非种用蛋鸡的需要量需提高1倍；低温时供给量应增加；患有胃肠病的鸡，影响核黄素的转化和吸收。

3.30.3　临床表现

视频3-22

［扫码观看：维生素B_2缺乏症（孙卫东　供）］

雏鸡饲喂缺乏维生素B_2的日粮后，多在1～2周龄发生腹泻，食欲尚良好，但生长缓慢，逐渐变得衰弱消瘦。其特征性的症状是足趾向内蜷曲，以跗关节或趾关节着地行走（图3-122、视频3-22），强行驱赶则以跗关节支撑并在翅膀的帮助下走动，行走困难（图3-123），病后期，腿伸开卧地，不能走动（图3-124），腿部肌肉萎缩、松弛，皮肤干而粗糙。维生素B_2缺乏症的后期，病雏不能运动，只是伸腿俯卧，多因采食不到饲料而饿死。

育成鸡病至后期，腿躺开而卧，瘫痪。母鸡的产蛋量下降，蛋白稀薄。种鸡则产蛋率、受精率、孵化率下降。种母鸡日粮中核黄素的含量低，其所产的蛋和出壳雏鸡的核黄素含量也低，而核黄素是胚胎正常发育和孵化所必需的物质，孵化种蛋内的核黄素用完，鸡胚就会死亡（入孵第2周死亡率高）。死胚呈现皮肤结节状绒毛，颈部弯曲，躯体短小，关节变形，水肿、贫血和肾脏变性等病理变化。有时也能孵出雏鸡，但多数带有先天性麻痹症状，体小、浮肿。

图3-122 病雏脚趾向内蜷曲，以跗关节或趾关节着地行走（孙卫东 供图）

图3-123 青年鸡脚趾向内蜷曲，行走困难（孙卫东 供图）

图3-124　病鸡脚趾向内蜷曲，病后期，腿伸开卧地，不能走动（程龙飞 供图）

3.30.4　剖检变化

病/死雏鸡胃肠道黏膜萎缩，肠壁薄，肠内充满泡沫状内容物（图3-125）。病/死的产蛋鸡皆有肝脏增大和脂肪量增多；有些病例胸腺充血，成熟前期萎缩。病/死成年鸡的坐骨神经和臂神经显著肿大、变软，尤其是坐骨神经的变化更为显著，其直径比正常大4～5倍。

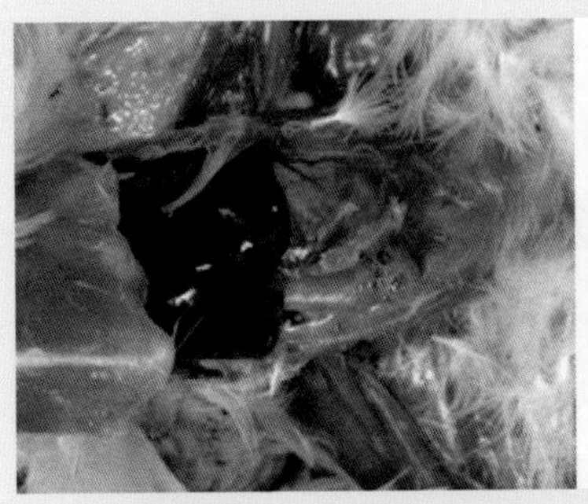

图3-125 病鸡肠道内充满泡沫状内容物（孙卫东 供图）

3.30.5 诊断

根据症状、病理变化和饲料化验分析的结果即可建立诊断。

3.30.6 防治

饲喂的日粮必须能满足鸡生长、发育和正常代谢对维生素B_2的需要。0～7周龄的雏鸡，每千克饲料中维生素B_2含量不能低于3.6毫克；8～18周龄时，不能低于1.8毫克；种鸡不能低于3.8毫克；产蛋鸡不能低于2.2毫克。配制全价日粮，应遵循多样化原则，选择谷类、酵母、新鲜青绿饲料和苜蓿、干草粉等富含维生素B_2的原料，或在每吨饲料中添加2～3克核黄素，

对预防本病的发生有较好的作用。维生素B_2在碱性环境以及暴露于可见光特别是紫外光中，容易分解变质，混合料中的碱性药物或添加剂也会破坏维生素B_2，因此，饲料贮存时间不宜过长。另外，还需防止鸡群因胃肠道疾病（如腹泻等）或其它疾病影响对维生素B_2的吸收而诱发本病。

发病时，雏鸡按每只1～2毫克，成年鸡按每只5～10毫克口服维生素B_2片或肌注维生素B_2注射液，连用2～3天。或在每千克饲料中加入维生素B_2 20毫克治疗1～2周，即可见效。但对趾爪蜷曲、腿部肌肉萎缩、卧地不起的重症病例疗效不佳，应将其及时淘汰。

3.31 维生素D缺乏综合征

3.31.1 概述

维生素D的主要功能是诱导钙结合蛋白的合成和调控肠道对钙的吸收以及血液对钙的转运。维生素D缺乏可降低雏鸡骨钙沉积而出现佝偻病，成鸡骨钙流失而出现软骨病。临床上以骨骼、喙和蛋壳形成受阻为特征。

3.31.2 病因

维生素D缺乏综合征的主要原因如下。

3.31.2.1 维生素D或有效磷不足

日粮中维生素D不足。还有一种情况，如果日粮中有效磷不足（钙和有效磷的比例以2 ∶ 1为宜），机体对维生素D的需要量就会增加，此时应适当增加维生素D的用量。

3.31.2.2 日光照射不足

鸡皮肤表面及食物中的维生素D原，经日光中紫外线的照射可以转变为维生素D，如果日光照射不足，应额外补充维生素D。

3.31.2.3 消化吸收原因

消化吸收功能障碍，影响脂溶性维生素D的吸收，导致维生素D缺乏。

3.31.2.4 疾病原因

患有肾、肝疾病，维生素D_3羟化作用受到影响而导致维生素D缺乏。

3.31.3 临床表现

雏鸡通常在2～3周龄时出现明显的症状，最早可在10～11日龄发病。病鸡生长发育受阻，羽毛生长不良，喙柔软易变形（图3-126），跖骨易弯曲成弓形（图3-127）。腿部衰弱无力，行走时步态不稳，躯体向两边摇摆，站立困难，不稳定地移行几步后即以跗关节着地伏下。

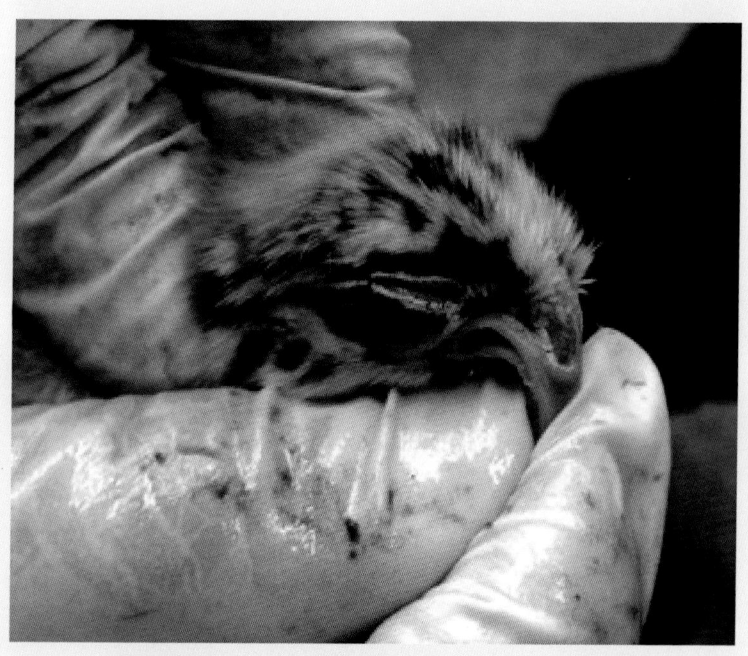

图3-126 病雏的喙易弯曲变形（王金勇 供图）

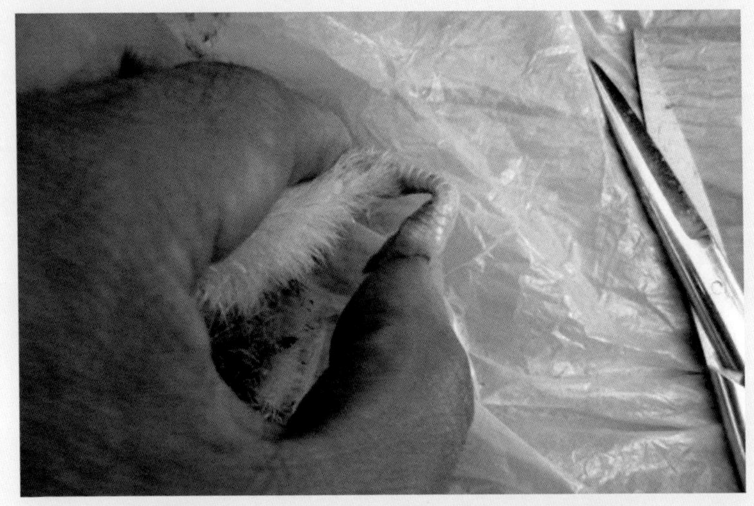

图3-127 病雏跖骨弯曲成弓形（王金勇 供图）

产蛋鸡往往在缺乏维生素D 2～3个月后才开始出现症状，表现为产薄壳蛋和软壳蛋的数量显著增多，蛋壳强度下降、易碎（图3-128），随后产蛋量明显减少。产蛋量和蛋壳的硬度下降一个时期之后，接着会有一个相对正常时期，可能循环反复，形成几个周期。有的产蛋鸡可能出现暂时性的不能走动，常在产一个无壳蛋之后即能复原。病重母鸡表现出像"企鹅"状蹲伏的特殊姿势，以后鸡的喙、爪和龙骨逐渐变软，胸骨常弯曲（图3-129）。胸骨与脊椎骨接合部向内凹陷，产生肋骨沿胸廓呈内向弧形的特征。种蛋孵化率降低，胚胎多在孵化后10～17日龄之间死亡。

图3-128　产蛋母鸡产薄壳蛋，蛋壳强度下降、易碎（左），运输过程中易碎（右）（孙卫东 供图）

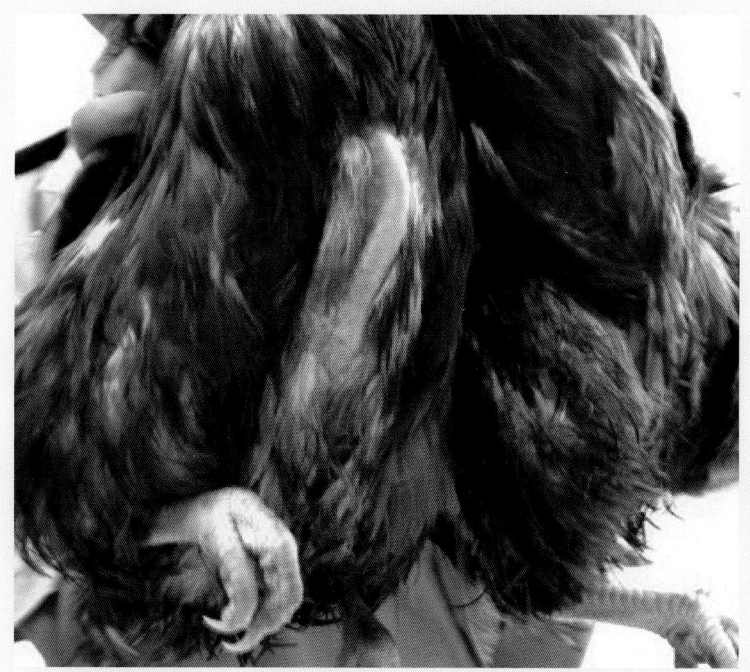

图3-129　产蛋母鸡胸骨弯曲成“S”状（孙卫东 供图）

3.31.4 剖检变化

病/死鸡最特征的病理变化是龙骨呈“S”状弯曲（图3-130），肋骨与肋软骨、肋骨与椎骨连接处出现串珠状结节（图3-131）。在胫骨或股骨的骨骺部可见钙化不良。成年产蛋鸡或种鸡死于维生素D缺乏症时，其尸体剖检所见的特征性病变局限于骨骼和甲状旁腺，骨骼软而容易折断。

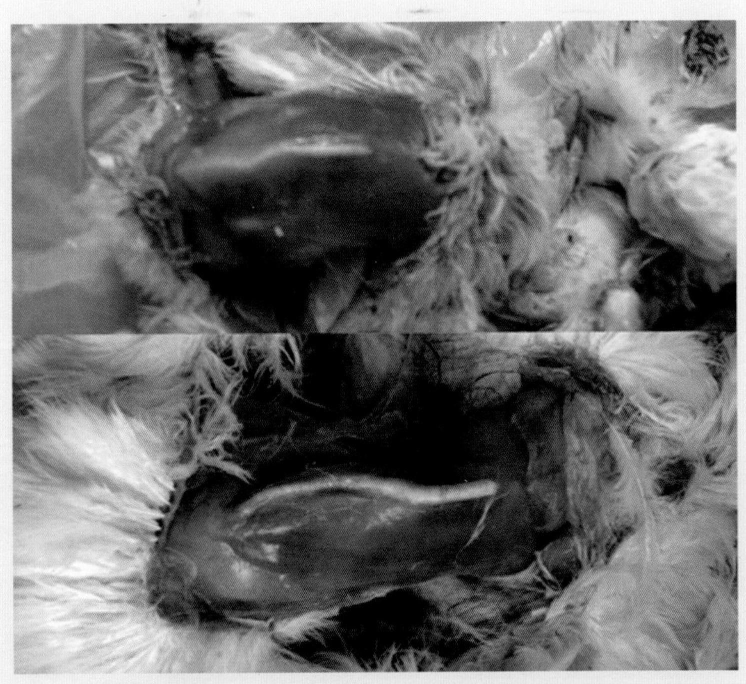

图3-130 鸡龙骨呈“S”状弯曲（孙卫东 供图）

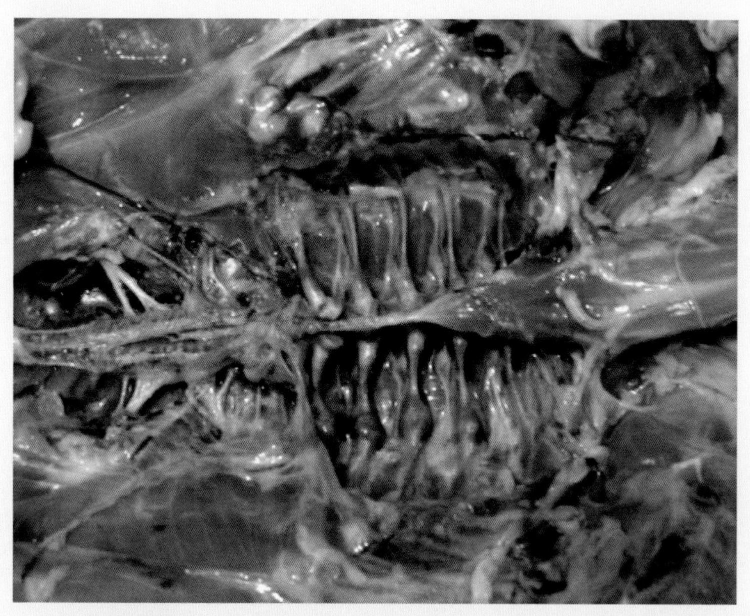

图3-131　病雏肋骨与肋软骨、肋骨与椎骨连接处出现串珠状结节（孙卫东 供图）

3.31.5　诊断

根据症状、病理变化和饲料化验分析的结果即可建立诊断。

3.31.6　防治

改善饲养管理条件，补充维生素D；将病鸡置于光线充足、通风良好的鸡舍内；合理调配日粮，注意日粮中钙、磷比例，喂给含有充足维生素D的混合饲料。此外，还需加强饲养管理，尽可能让病鸡多晒太阳，笼养鸡还可在鸡舍内用紫外线进行照射。这些措施都可以有效地预防该病。治疗时应找出病因，针对病因采取有效措施。雏鸡佝偻病可一次性大剂量喂给维生素D_3 1.5万～2.0万国际单位，或一次性肌内注射维生素D_3 1万国际单位，或滴服鱼肝油数滴，每天3次，或用维丁胶性钙注射液肌内注射0.2毫升，同时配合使用钙片，连用7天左右。发病鸡群除在其日粮中增加富含维生素D的饲料（如苜蓿等）外，还应在每千克饲料中添加鱼肝油10～20毫升。

3.32 锰缺乏症

3.32.1 概述

锰是鸡生长、生殖和骨骼、蛋壳形成所必需的一种微量元素。鸡对这种元素的需要量是相当高的，易发生缺锰。锰缺乏症又称骨短粗症或滑腱症，是以跗关

节粗大和变形、蛋壳硬度及蛋孵化率下降、鸡胚畸形为特征的一种营养代谢病。

3.32.2 病因

饲料中的玉米、大麦和大豆锰含量很低，若补充不足，则可引起锰缺乏；饲料中磷酸钙含量过高可影响肠道对锰的吸收；锰与铁、钴在肠道内有共同的吸收部位，饲料中铁和钴含量过高，可竞争性地抑制肠道对锰的吸收。此外，饲养密度过大可诱发本病。

3.32.3 临床表现

病雏鸡表现为生长停滞，骨短粗症。青年鸡或成年鸡表现为胫-跗关节增大，胫骨下端和跖骨上端弯曲扭转，使腓肠肌腱从跗关节的骨槽中滑出而呈现脱腱症状，多数是一侧腿向外弯曲（视频3-23），甚至呈90度角（图3-132），极少向内弯曲。病鸡腿部弯曲或扭曲，腿关节扁平而无法支撑体重，将身体压在跗关节上。病鸡运动时多以跗关节

视频3-23

［扫码观看：锰缺乏症（孙卫东　供）］

图3-132 病鸡左腿向外翻转呈90度角（孙卫东 供图）

着地行走，严重病例多因不能行动、无法采食而饿死。

成年蛋鸡缺锰时产蛋量下降，种蛋孵化率显著下降，还可导致胚胎的软骨营养不良。这种鸡胚的死亡高峰发生在孵化的第20天和第21天。胚胎躯体短小，骨骼发育不良，翅短，腿短而粗，头呈圆球样，喙短弯呈特征性的“鹦鹉嘴”。还有报道指出，锰是保持最高蛋壳质量所必需的元素，当锰缺乏时，蛋壳会变得薄而脆。孵化成活的雏鸡有时表现出共济失调，且在受到刺激时尤为明显。

3.32.4　剖检变化

病/死鸡见胫骨下端和跖骨上端弯曲扭转，使腓肠肌腱从跗关节骨槽中滑出而出现滑腱症（图3-133）。严重者管状骨短粗、弯曲，骨骺肥厚，骨板变薄，剖面可见密质骨多孔，在骺端尤其明显。骨骼的硬度尚良好，相对重量未减少或有所增多。消化、呼吸等各系统内脏器官均无明显眼观病理变化。

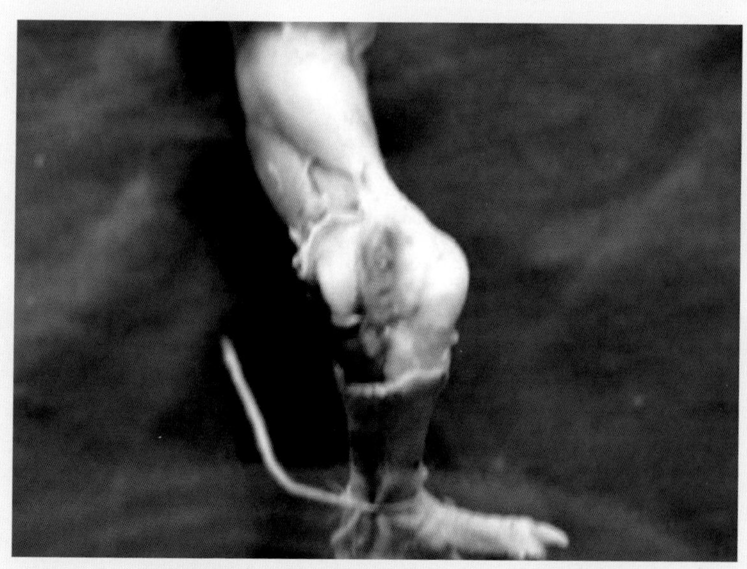

图3-133　病鸡腓肠肌腱从跗关节骨槽中滑出（福尔马林固定标本）（孙卫东 供图）

3.32.5　诊断

根据症状、病理变化和饲料化验分析的结果即可建立诊断。

3.32.6　防治

由于普通配制的饲料都缺锰，特别是以玉米为主的饲料，即使加入钙磷不多，也要补锰。一般用硫酸锰作为饲料中添加锰的原料，每千克饲料中添加硫酸锰0.1～0.2克。也可多喂些新鲜青绿饲料，饲料中的钙、磷、锰和胆碱的配合要平衡。对于雏鸡，饲料中的骨粉量不宜过多，玉米的比例也要适当。

出现锰缺乏症病鸡时，可提高饲料中锰的加入剂量至正常加入量的2～4倍；也可用1∶3000高锰酸钾溶液作饮水，以满足鸡体对锰的需求量。对于饲料中钙、磷比例高的，应降至正常标准，并增补0.1%～0.2%的氯化胆碱，适当添加复合维生素。虽然锰是毒性最小的矿物元素之一，每千克鸡对其的日耐受量可达2000毫克，且这时并不表现出中毒症状，但高浓度的锰可降低血红蛋白和红细胞压积以及肝脏铁离子的水平，导致贫血，影响雏鸡的生长发育，且过量的锰对钙和磷的利用有不良影响。

3.33　中暑

3.33.1　概述

鸡中暑是指鸡群在高温环境条件下出现生产性能下降或导致突然发病死亡的一种疾病，又称热应激。本病在集约化鸡场时有发生，特别是在夏季炎热天气更易发生。

3.33.2　病因

鸡的皮肤缺乏汗腺，散热主要依靠张口呼吸或把翅膀张开下垂来完成。所以鸡群在气温高（室温35℃以上）、湿度大的闷热潮湿环境中以及鸡群密度过大、通风不良、饮水供应不足、鸡只肥胖等因素都易导致本病发生。此外，某些用药不当（如夏天使用尼卡巴嗪抗球虫药）也会导致鸡中暑。

3.33.3　临床表现

本病多呈急性经过。主要表现呼吸快，张口伸颈，翅膀张开下垂，饮水量增加，体温升高，进而出现呼吸困难，步态摇晃，不能站立，痉挛倒地，最后昏迷而死亡。本病可导致鸡群在短时间内出现大量鸡只死亡。舍饲肉鸡或蛋鸡多发生在中午至傍晚5～6点之间；长途贩运鸡见于在夏季白天运输且通风、遮阴不良时。

3.33.4 剖检变化

尸僵缓慢，血液凝固不良，全身静脉淤血，胸肌苍白（似煮熟样）（图3-134），心冠脂肪和心外膜有点状出血，腹腔脂肪也有大量点状出血（图3-135）。刚死亡的鸡腹腔温度很高。

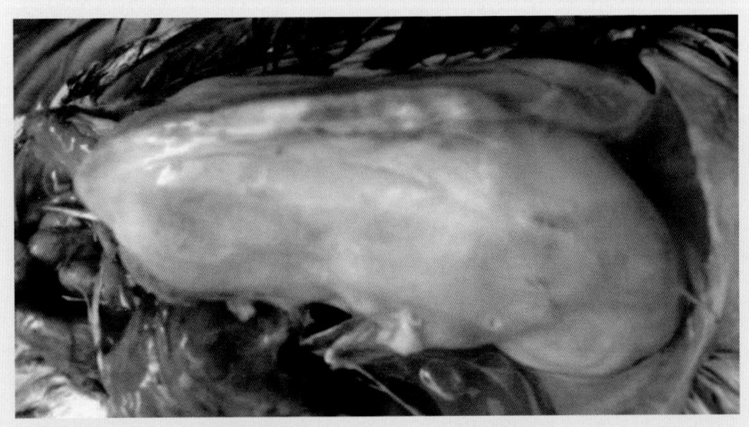

图3-134 肌肉苍白（江斌 供图）

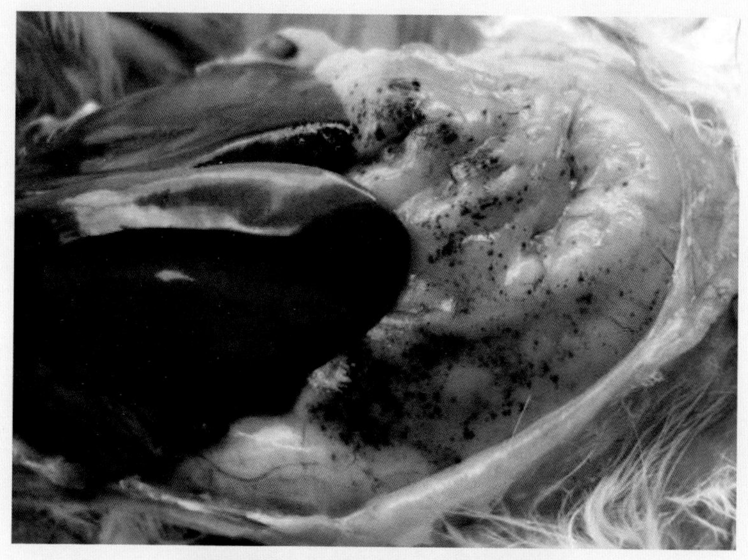

图3-135 脂肪出血（江斌 供图）

3.33.5 诊断

根据临床表现和剖检变化，特别是死亡快和腹腔脂肪出血可做出初步诊断。

3.33.6 防治

夏秋季节要做好鸡舍的防暑降温工作，包括喷水、通风换气、饮水供给充足、减少饲养密度等以预防该病的发生。饲料或饮水中添加碳酸氢钠（每1000千克饲料

添加2千克）或维生素C（每1000千克水添加200克），能起到一定的保健作用。

一旦发生中暑临床表现时要立即将病鸡转移至阴凉通风处，并给予凉水冲洗或灌服。在大型鸡场发生鸡中暑时要立即采取降温措施（包括洒水、通风、遮阴等）。同时在饮水中按比例添加电解多种维生素或维生素C粉等药物进行治疗。

3.34 皮刺螨病

3.34.1 概述

鸡皮刺螨病是由鸡皮刺螨寄生于鸡皮肤和鸡舍内的一种常见寄生虫病。该病在陈旧的鸡场发病率较高，且容易反复发作，不易根治。

3.34.2 流行病学

各种日龄的鸡均能感染。以舍饲的蛋鸡、种鸡多见，放牧的肉鸡少见。鸡皮刺螨的发育要经卵、幼虫、

若虫、成虫四个阶段。其中虫卵主要存在于鸡窝的缝隙或碎屑中，经7天发育后变成能吸血的成虫。鸡皮刺螨主要在夜间吸取鸡血，若鸡关在笼子里或母鸡在孵蛋时也可见鸡在白天也被吸血（即白天在鸡身上可发现大量虫体）。

3.34.3　临床表现

鸡躁动不安，吃料减少，产蛋率下降，严重时可见鸡日渐消瘦、贫血、鸡冠苍白。仔细察看鸡皮肤上有许多小螨虫在爬动（图3-136），有时也会爬到饲养员身上，引起皮肤瘙痒。本病在陈旧的鸡舍较常见。

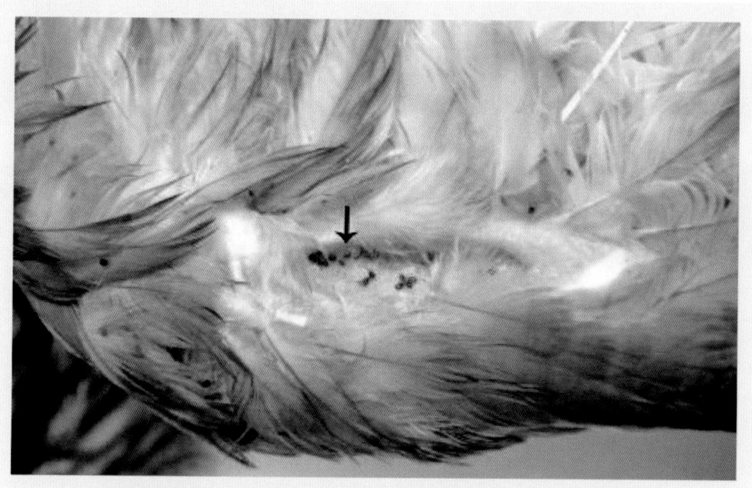

图3-136　皮肤上有许多虫体在爬动（江斌 供图）

3.34.4 剖检变化

除皮肤贫血苍白、羽毛脱落较多外，无其它明显的病理变化。

3.34.5 诊断

把螨虫置于放大镜或低倍显微镜下进行形态观察，可见虫体呈椭圆形（图3-137）。饱血后虫体由灰白色变为红色，雌虫的长度为0.72～0.75毫米，宽度为0.4毫米，饱血后长度可达1.5毫米。雄虫的长度为0.6毫米，宽度为0.32毫米。成年螨虫的腹面有4对较长的足，四肢末端均有吸盘，头部2根螯肢细长。幼虫则只有3对足。虫卵呈长椭圆形（图3-138）。

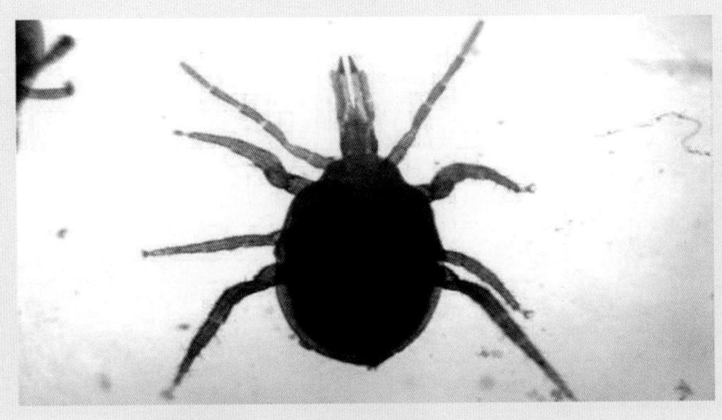

图3-137　虫体呈椭圆形（江斌 供图）

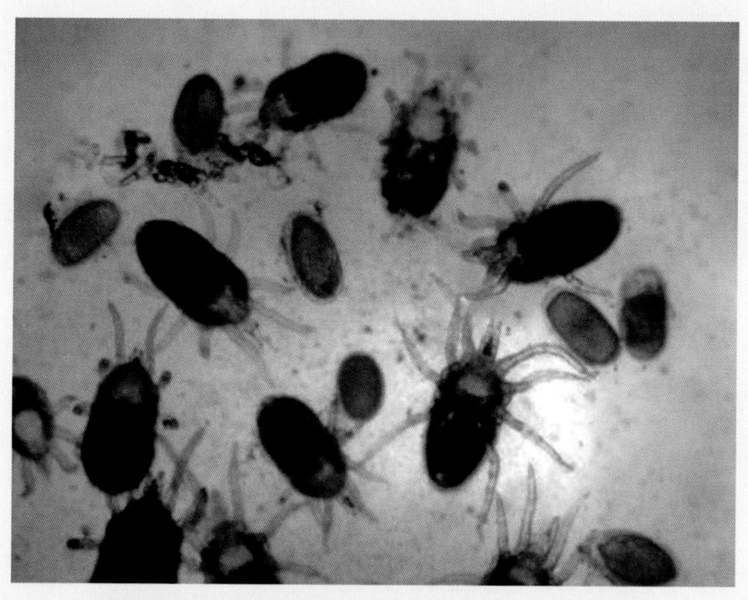

图3-138 鸡皮刺螨的虫体及虫卵形态（江斌 供图）

3.34.6 防治

按每升水添加0.1～0.2毫升溴氰菊酯或0.025%～0.05%双甲脒溶液，直接喷洒病鸡、鸡舍、鸡笼及饲槽等，每周1～2次杀虫处理。平养蛋鸡要勤换垫草并烧毁带虫垫料。此外，严重感染的鸡群可采用0.6%伊维菌素预混剂进行拌料治疗（按1000千克饲料添加300克），连喂3～5天，有较好的治疗效果，但要注意药物残留和停药期问题。

3.35 羽虱病

3.35.1 概述

鸡的羽虱病是由许多种类的羽虱（包括鸡羽虱、鸡圆羽虱、鸡翅膀虱等）寄生于鸡体表所引起的一类鸡体外寄生虫病。该病在陈旧的鸡场发病率较高，在冬春季节发病率也较高。

3.35.2 流行病学

各种日龄鸡均可感染。本病对成年鸡通常无严重致病性，但对雏鸡可造成严重伤害。一年四季均可发生，但以冬春季节多发。由于鸡羽虱以皮肤鳞屑、羽毛或羽根部血液为食，其全部生活史均在鸡体内完成，所以传播方式以直接接触感染为主。

3.35.3 临床表现

鸡体奇痒，躁动不安，自啄羽毛或相互啄毛，结果造成羽毛脱落、皮肤出血或结痂。体质弱小的鸡可引起死亡。产蛋鸡可导致采食量减少、产蛋率下降，在

皮肤和羽毛上可见羽虱爬动（图3-139），在羽毛根部可见成堆的虫卵（图3-140）。

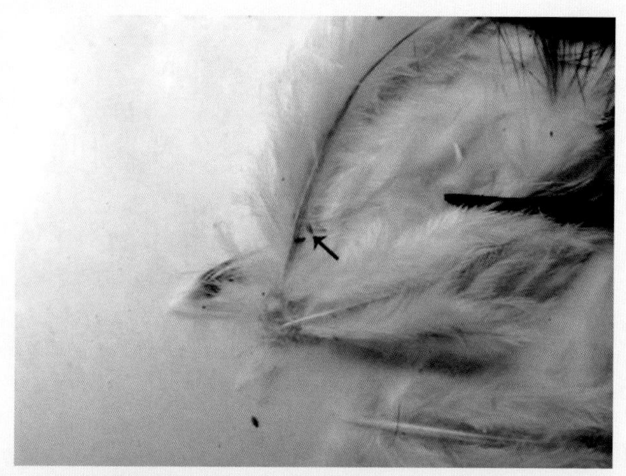

图3-139　羽毛上有羽虱爬动（江斌 供图）

图3-140　羽毛根部可见成堆的虫卵（江斌 供图）

3.35.4 剖检变化

除羽毛脱落较多、被毛粗乱外，无其它明显病理变化。

3.35.5 诊断

根据临床表现和鸡身上发现的大量羽虱可做出初步诊断，确定鸡羽虱种类需对虫体形态结构进行鉴定（图3-141）。

图3-141 鸡羽虱虫体形态（江斌 供图）

3.35.6 防治

预防时，定期用溴氰菊酯（按每升水添加0.1～0.2毫升）水溶液喷洒鸡只、鸡舍、鸡笼及舍槽等进行除虫处理，每周1～2次。治疗时，可在一个有钻满小孔的纸罐内装入0.5%敌百虫或硫黄粉，将药粉均匀地喷撒在鸡羽虱寄生部位。或在鸡运动场里建一个长方形浅池（20厘米深），池中填入细砂（每100千克细砂加5千克硫黄粉，或加入3%除虫菊粉），让鸡自行砂浴。

3.36 奇棒恙螨病

3.36.1 概述

鸡奇棒恙螨病是由恙螨科、新棒恙螨属中的鸡奇棒恙螨寄生于鸡（其它禽类也会感染）皮肤上的一种寄生虫病，又称鸡新棒恙螨、鸡新勋恙螨。该病主要发生在野外放牧鸡群，发病季节多在每年的7～11月份。

3.36.2 流行病学

鸡奇棒恙螨可寄生在鸡、鸭、鹅等禽类皮肤上，各种日龄鸡均可寄生，其中以中大鸡为主。在野外放牧的鸡群易感染本病，而舍饲鸡很少见。一年四季中以夏秋季多见。在全国各地均有本病分布。有本病发生的地方，几乎每年都有病例出现。

3.36.3 临床表现

鸡奇棒恙螨多寄生在翅膀内侧、胸肌两侧以及双腿的内侧皮肤上，局部呈粉红色痘状凸起（图3-142、图3-143）。患病鸡局部奇痒，死亡率很低，但成鸡感染本病后会严重影响鸡的胴体品质。

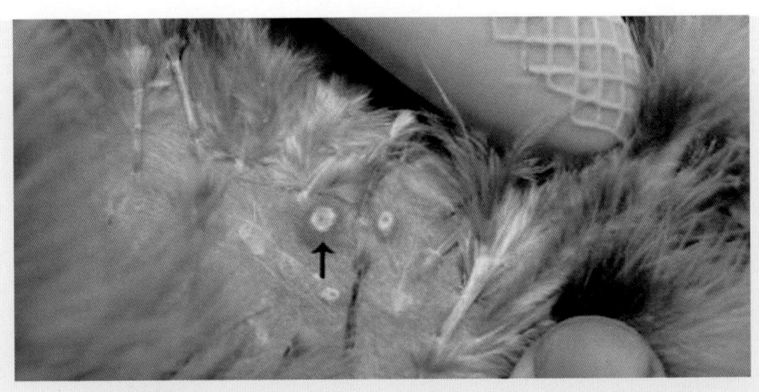

图3-142 局部皮肤有粉红色痘状凸起（江斌 供图）

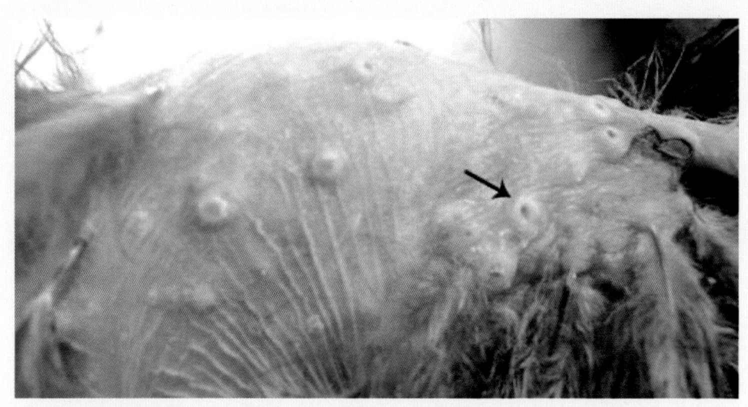

图3-143　局部皮肤有大量粉红色痘状凸起（江斌 供图）

3.36.4　剖检变化

局部出现痘状红色病灶（即周围隆起，中间凹陷的脐状病灶）（图3-144），病灶中央可见一小红点，周围有炎症增生。

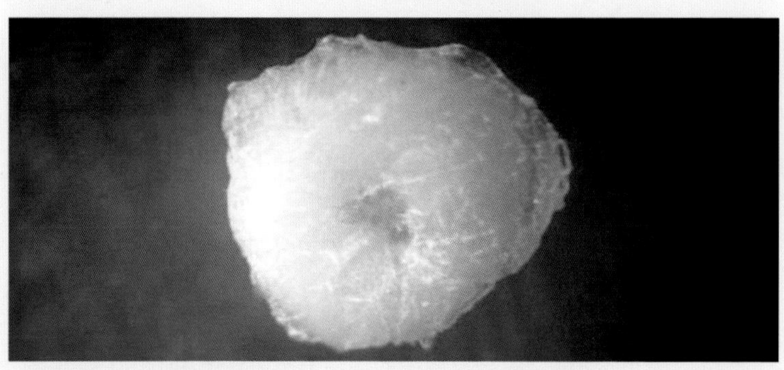

图3-144　病灶近距离观察，中间粉红色、凹陷呈脐状（江斌 供图）

3.36.5 诊断

根据本病的流行病学、临床表现、剖检变化可做出初步诊断。在临床上，本病还需与鸡痘、皮肤型鸡马立克氏病进行鉴别诊断。本病的确诊可用小镊子取出病灶中央组织，在显微镜下进一步观察，检出有3对足的奇棒恙螨幼虫即可诊断（图3-145）。

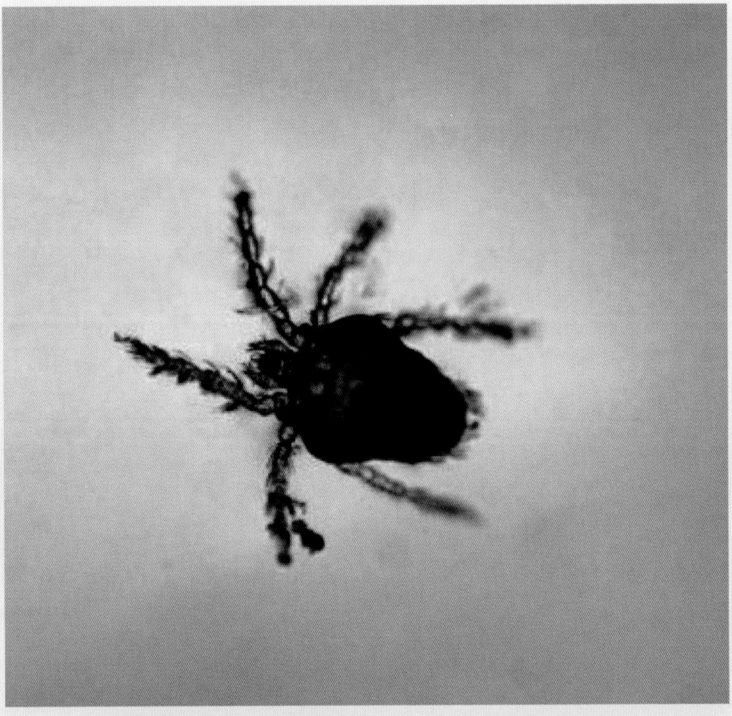

图3-145 鸡奇棒恙螨的幼虫形态（江斌 供图）

3.36.6　防治

避免鸡群在潮湿的野外草地上放牧。治疗时包括局部治疗和全身治疗。局部治疗可用70%酒精或2%碘酊或5%硫黄软膏涂擦局部，涂擦1～2次即可杀死病灶中的幼虫，数日后局部皮肤逐渐痊愈。如果发病数量多，可采用全身治疗，即用0.6%伊维菌素拌料治疗（每1000千克饲料添加300克，连喂5天），此外也可做一个硫黄砂浴池（每100千克细砂加5千克硫黄粉），让病鸡自由砂浴。

参考文献

[1] 刘金华，甘孟侯. 中国禽病学[M]. 2版. 北京：中国农业出版社，2016.

[2] 黄兵，沈杰. 中国畜禽寄生虫形态分类图谱[M]. 北京：中国农业科学技术出版社，2006.

[3] 江斌，吴胜会，林琳，等. 畜禽寄生虫病诊治图谱[M]. 福州：福建科学技术出版社，2012.

[4] 陈克强，李莎. 上海地区家禽羽虱种类记述[J]. 中国兽医寄生虫病，2005，13（1）：10-12.

[5] 中国农业科学院哈尔滨兽医研究所. 动物传染病学[M]. 北京：中国农业出版社，1999.

[6] 曾振灵. 兽药手册[M]. 2版. 北京：化学工业出版社，2012.

[7] 杜元钊，朱万光. 禽病诊断与防治[M]. 济南：济南出版社，1998.

[8] 陆新浩，任祖伊. 禽病类症鉴别诊疗彩色图谱[M]. 北京：中国农业出版社，2011.

[9] 江斌，陈少莺. 鸡病鸭病速诊快治[M]. 福州：福建科学技术出版社，2018.

[10] 张志新，杨洪民. 现代养鸡疫病防治手册[M]. 北京：科学技术文献出版社，2011.

[11] 程龙飞，孙卫东. 鸡病诊治技术[M]. 福州：福建科学技术出版社，2011.

[12] 杨丽梅，马力，郭时金，等. 禽坦布苏病毒研究进展[J]. 中国家禽，2014，36（6）：43-45.

[13] 姬向波，杨朋坤，陈中卫，等. 河南地方品种鸡禽白血病病毒感染状况的调查[J]. 中国兽医杂志，2018，54（8）：25-27+32.

[14] 张云丹. 安卡拉病毒贵州株分离培养与基因组分子特征研究[D]. 贵州：贵州大学，2019.